Rheinisch-Westfälische Akademie der Wissenschaften

Geisteswissenschaften   Vorträge · G 180

Herausgegeben von der
Rheinisch-Westfälischen Akademie der Wissenschaften

KARL GUSTAV FELLERER

Der Stilwandel in der abendländischen Musik
um 1600

Westdeutscher Verlag · Opladen

172. Sitzung am 15. Dezember 1971 in Düsseldorf

ISBN 3-531-07180-7
© 1972 by Westdeutscher Verlag GmbH, Opladen
Printed in Germany

Wenn hier vom Stilwandel in der Musik[1] gesprochen wird, geht es um den Prozeß, der zur Grundlage einer neuen Kunst in Gestalt und Ausdruck führt. Zwar sind Wandlungen einzelner Stil- und Ausdruckselemente in allen Zeiten des Ablaufs der abendländischen Musikentwicklung gegeben. Doch verdichten sie sich zu bestimmten Zeiten und bedingen grundlegende Epocheneinschnitte. So war es zu Beginn des 2. Jahrtausends, als die abendländische Mehrstimmigkeit auf der Grundlage einer immer deutlicher hervortretenden Tonordnung und Einzeltonakzentuierung die Selbständigkeit gleichzeitiger Stimmen erfassen und als künstlerischen Ausdruck verschiedenartig entfalten ließ. So ist es in unserer Gegenwart, da auf der Grundlage der schon im vergangenen Jahrhundert vollzogenen Auflösung funktionaler Harmonik und in neuen technischen Entwicklungen sich ein neues Struktur- und Klangbewußtsein ergibt, das von einem neuen Musikerlebnis bedingt ist. So war es im 16. Jahrhundert, da Polyphonie und Monodie am deutlichsten den Stilbruch äußerlich kennzeichnen, der in einer allgemeinen geistigen Bewegung der Zeit sich vollzogen hat.

Dieser Stilwandel in der Musik um 1600 soll uns hier beschäftigen. Dabei tritt die italienische Entwicklung in den Vordergrund, wenngleich sowohl in Frankreich wie in Deutschland sich ähnliche Entwicklungen vollzogen haben.

Die Monodie[2] ist nicht, wie es oft dargestellt wird, ein plötzlicher Neubeginn musikalischen Ausdrucks, sondern wird in einer langen Entwicklung vorbereitet und gestaltet.

Im mehrstimmigen Satz entwickeln sich Ausdruckskräfte zunächst im

---

[1] G. Adler, Der Stil in der Musik. Leipzig ²1929; M. Emmanuel, Histoire de la langue musicale. Paris ²1928; E. Katz, Die musikalischen Stilbegriffe des 17. Jahrhunderts. Diss. Freiburg i. Br. 1926; Th. Kroyer, Zwischen Renaissance und Barock, in: Jahrb. Peters XXXIV, 1927, S. 45; E. Wellesz, Renaissance und Barock, in: Zeitschr. der Intern. Musikgesellschaft XI, 1909/10; R. L. Crocker, A History of Music-Style. New York 1966.

[2] J. Racek, Stilprobleme der italienischen Monodie. Prag 1965; F. Blume, Das monodische Prinzip in der protestantischen Kirchenmusik. Leipzig 1925; F. Ghisi, Alle fonti della monodia. Milano 1940.

Anschluß an das Wort in seiner Sinndeutung, dann unter Entfaltung rein musikalischer Mittel wie Satzgestaltung, Polyphonie, Homophonie, Chromatik, die sowohl eine selbständige Instrumentalmusik wie dramatische Ausdrucksformen begründen.

Im Anfang des Madrigals *Itene mie querele* von Luzzasco Luzzaschi (Seconda scelta delli Madrigali a 5 voci, Napoli 1613, Nr. 17) ist diese mit musikalischen Mitteln dargestellte Textdeklamation und Textdeutung deutlich.

Neben diese sich zu größter Ausdruckskraft entfaltende Mehrstimmigkeit ist im letzten Viertel des 16. Jahrhunderts die Monodie getreten[3], die

[3] Caccini, Vorwort zu Nuove musiche (Firenze 1601): maniera di cantare — quasi in armonia favellare. — Vorwort »A Lettori« abgedruckt in: E. Vogel, Bibliothek der gedruckten weltlichen Vokalmusik Italiens. Band I, Berlin 1892, S. 125.

im solistischen Vortrag nicht nur eine Ordnung zwischen Führungs- und Begleitstimmen schafft, sondern auch eine neue Dramatik im naturalistischen Dialog ermöglicht. So bedeutsam diese neuen Gestaltungsmittel der Monodie sind, ihr innerer Ausdruck ist bereits in der Mehrstimmigkeit entwickelt und weiter geführt, als er in der zunächst strukturellen Wortdeklamation der Monodie gegeben ist.

Emilio del Cavalieri, Rappresentazione
di anima e di corpo. Atto I, Scena IV

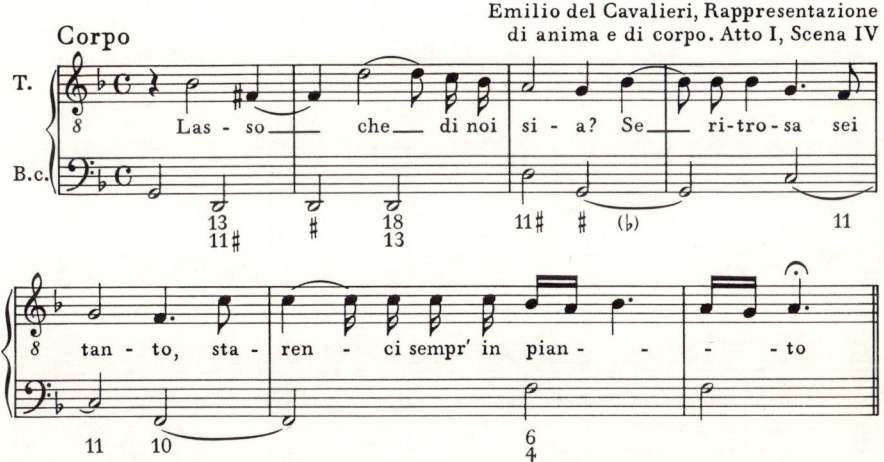

Wenn in diesem Beispiel aus der *Rappresentazione di anima e di corpo* die Tonmalerei eine besondere Ausdrucksbedeutung besitzt, so ist die deklamatorische Melodik eine einfache Stilisierung gegenüber der in den verschiedenen Stimmen des vorausgehenden Beispiels.

Die von Doni[4] und den Florentiner Monodisten im 16. Jahrhundert hervorgehobene Wertung der Monodie als alleingültige Ausdruckskunst im Gegensatz zur Polyphonie als kollektive Barbarei, deren Ausdrucksentwicklung unerkannt geblieben ist, bedarf einer Überprüfung.

[4] Compendio del Trattato de'generi e de'modi della musica ... Roma 1645 S. 100; S. 103: ... quelli che sostengono la parte delle monodie dicono, che la perfettione della musica consiste nel bello e grazioso cantare, e nel fare intendere tutti i sentimenti dal poeta senza che le parole si perdino, e non nella pienezza e soavità del concento ... Annotazioni sopra il Compendio de'generi e de'modi della musica: Roma 1640, S. 284: ... vediamo haver fatto questa professione da quaranta anni in qua nell'espressione de'sensi, nella buona pronuntia delle parole & nel gratioso procedere delle melodie ... s'appiano esserne uscito quel bello & vago stile monodico, detto communemente recitativo; col quale tanto si segnalarono il Galilei, il Caccini, il Peri & tanti altri di poi, che à vera hanno composto in questo stile & propagatolo in questo tempo per tutta Italia ...

Auch ist die Herausentwicklung monodischer Gestalten aus der Polyphonie den Florentinern in ihrem Glauben an ihre Erfindung nicht in ihrer
Bedeutung bewußt geworden.

Bestimmend für den sich langsam vollziehenden Stilwandel ist das huma-
nistische und subjektive Denken im gesellschaftlichen Wandel der Zeit, der
in Literatur und bildender Kunst im Übergang von der Renaissance zum
Barock deutlich wird.

Die Gegenüberstellung des imitatorischen Anfangs der Motette *Sicut
cervus* von Palestrina (1581) und des Schlusses der Arie *Arde il mio petta*

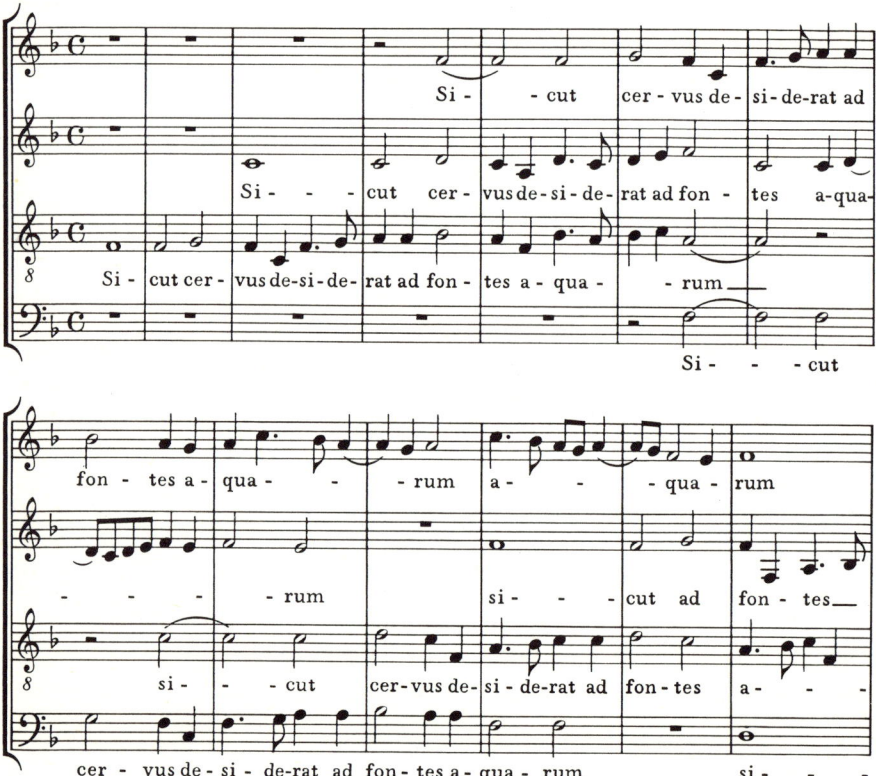

von Giulio Caccini (1602) aus der *Nuove musiche* (Firenze 1602) zeigt
wesentliche Unterschiede in der musikalischen Struktur wie in ihrem Ausdruck.

Eine Welt scheint zwischen beiden Werken zu liegen, obwohl nur 20 Jahre
zwischen ihrer Veröffentlichung gegeben sind.

O cor' di don-na, o cor' di don-na per al-trui soc-
-cor-so e ti-gre e d'or-so e
ti-gre e d'or- -so.

Einerseits ist es die in der von der Struktur bestimmten Führung der Stimmen geordnete mehrstimmige kollektive Klanggestalt der Wortdarstellung, andererseits die subjektive Affektgestaltung des Worts in solistischer Deklamation und in dem zwischen Solo und Begleitung unterscheidenden Klang.

Zwischen diesen beiden Extremen vollzieht sich der Stilwandel des 16. Jahrhunderts.

I

Zuerst interessiert die im 16. Jahrhundert herrschende Kunst der Mehrstimmigkeit in Tradition und Experiment.

Tradition ist die strukturelle Gestaltung des polyphonen Satzes[5], in den um die Wende des 15./16. Jahrhunderts Ausdruckselemente dringen[6], wenngleich der strukturbestimmte Kontrapunkt noch ein Jahrhundert weiter-

[5] J. Tinctoris, Liber de arte contrapuncti 1477 (Coussemaker, Scriptores IV); R. O. Morris, Contrapuntal Technique in the 16 Century. Oxford 1922; A. T. Merritt, Sixtheenth Century Polyphony. Cambridge (Mass) 1939.

[6] A. Petit Coclico, Compendium musices. Nürnberg 1552 (Kassel 1954); N. Vicentino, L'antica musica ridotta alla moderna prattica Roma 1555; G. Zarlino, Le Istitutioni harmoniche III. Venezia 1558 (Rochester 1954; Kassel 1959).

wirkt und in der Fugentechnik des 17. Jahrhunderts eine neue Entwicklung findet.

Die im 15. Jahrhundert in den Vordergrund tretende sog. »Kunst der Niederländer« war in ihrer Struktur linear in der Selbständigkeit der Stimmen gestaltet. Sie sind teils um einen *cantus prius factus* gewunden oder in Kanon-Abfolge miteinander verbunden, ohne daß die Vertikalkadenzierung in den melodischen und formalen Ablauf bestimmend eingreift. Wenn nach Ockeghem die Vertikalbindung des Satzes und eine Deklamationsordnung sich langsam entfalten, so ist ein bedeutsamer Schritt zu einer neuen Klang- und Satzauffassung gewonnen. In ihr ist die Voraussetzung für eine neue Deklamations- und Ausdrucksgestaltung gegeben.

Die *musica reservata*[7] brachte am Anfang des 16. Jahrhunderts den bedeutsamsten Einbruch in die strukturbedingte Kunst der Niederländer, nachdem vertikale Schwerpunkte des Satzes sich in Verbindung mit einer harmonischen und deklamatorisch-akzentischen Gleichordnung der Stimmen schon im 15. Jahrhundert durchgesetzt haben. Einerseits war es ein satztechnisches Problem, andererseits ein auf der musikalischen Rhetorik[8] und auf der humanistischen Wortdeklamation bzw. Wortauffassung beruhender Vorgang, der homophone Stimmenzusammenfassungen bedingte[9]. Dabei tritt eine über die Wortstruktur hinausgehende Wortdeutung auf, die sowohl in der deskriptiven Darstellung des Wortes, d. h. in der Tonmalerei, als auch in einer Sinn- und Ausdrucksgestaltung[10] hervortritt. Tonarten-[11] und Taktwahl[12], melodische Formeln[13] und Klangformungen (Stimmenzahl, Be-

[7] W. Clark, A. Contribution to Sources of Musica Reservata, in: Revue Belge de musicologie XI, 1957; B. Meier, Reservata-Probleme, in: Acta musicologica XXX, 1958, S. 77.
[8] W. Gurlitt, Musik und Rhetorik, in: Helicon V, 1944 (Neudruck in: Beihefte z. Arch. f. Musikwiss. I, Wiesbaden 1966, S. 62).
[9] H. Riemann, Große Kompositionslehre I: Der homophone Satz. Berlin und Stuttgart 1902.
[10] Th. Kroyer, Die Anfänge der Chromatik im italienischen Madrigal des 16. Jahrhunderts. Leipzig 1902; A. Einstein, The Italian Madrigal. Princeton 1949; C. Dahlhaus, Musica poetica und musikalische Poesie, in: Archiv f. Musikwiss. XXIII, 1966, S. 110.
[11] G. Reichert, Kirchentonart als Formfaktor, in: Musikforschung IV, 1951; B. Meier, Heinrich Loriti, Glareanus als Musiktheoretiker, in: Beitr. zur Freiburger Wissenschafts- und Universitätsgesellsch. XXII. Freiburg i. Br. 1960.
[12] W. Dürr, Auftakt und Taktschlag in der Musik um 1600, in: FS. W. Gerstenberg. Wolfenbüttel u. Zürich 1964; C. Dahlhaus, Zur Entstehung des modernen Taktsystems im 17. Jh., in: Archiv f. Musikwiss. XVIII, 1961; H. Heckmann, Der Takt in der Musiklehre des 17. Jh., in: Arch. f. Musikwiss. X, 1953, S. 116.
[13] R. Lach, Studien zur Entwicklungsgeschichte der ornamentalen Melopoie. Leipzig 1913; B. Szabolcsi, Bausteine zu einer Geschichte der Melodie. Budapest 1959.

setzung) [14] erhalten ebenso Bedeutung wie eine sich in ihren technischen Mitteln steigernde subjektive, sinnzeichnende Gestaltung.

Josquin hat in vielen seiner Werke diese Stimmungs- und Ausdrucksdeutung im musikalischen Satz deutlich gemacht. Die Weiterentwicklung dieses Ausdrucksprinzips ist besonders bei Orlando di Lasso, der bewußt zur Ausdruckszeichnung verschiedene Gestaltungsmittel nebeneinander stellt, hervorgetreten.

Die verschiedenen musikalischen Gestaltungsmittel wie Tempus imperfectum und tempus perfectum, d. h. Vierer- und Dreiertakt, werden nicht nur als kompositionstechnische Dauerordnung bzw. Rhythmus betrachtet, sondern nach Zarlino entsprechend dem Ausdruck gewählt [15].

Wesentlich ist die Umwertung der zunächst zur musikalischen Struktur im 15. Jahrhundert entwickelten Gestaltungsmittel zu Ausdrucksmitteln innerhalb der gegebenen Satzstruktur [16]. Immer deutlicher wird diese als Ausdrucksgestaltung umgebildet. Am deutlichsten in der Humanistenode [17] und den ihr nachgebildeten homophonen Formen [18], aber auch in den das Wort in den Vordergrund stellenden tonmalerischen und rhetorischen Ausdrucksgestaltungen.

Josquin betont die grammatikalische und syntaktische Wortbehandlung in seiner Themenaufstellung wie im Satz [19].

Die Falsibordoni, die Humanistenode und Hugenotten-Psalmodie von Goudimel, Claudin le Jeune, Louis Bourgeois oder auch bestimmte Chansonkompositionen in der Mitte des 16. Jahrhunderts waren allein auf klare

[14] W. Gurlitt, Vom Klangbild der Barockmusik, in: Beihefte zum Archiv f. Musikwiss. I, Wiesbaden 1966, S. 111.

[15] W. Gurlitt, Form in der Musik als Zeitgestaltung, in: Akad. der Wissenschaften und der Literatur Mainz Abh. Jg. 1954, Nr. 13; R. Bockholdt, Semibrevis und Prolatio temporis, in: Musikforschung XVI, 1963, S. 3.

[16] G. Zarlino Istitutioni harmonici IV, 1 pag. 364: E benche i musici moderni non considerino nelle lor cantilene se non un certo ordine di cantare e una certa specie di harmonia, lasciando da parte il considerare il numero o metro determinato, percioche dicono, che questo appartiene alli poeti, massimamente essendo hora la musica ai nostri tempi separata dalla poesia.

[17] R. v. Liliencron, Die Horazischen Metren in deutschen Kompositionen des 16. Jh., in: Vierteljahresschrift. f. Musikwiss. III, 1887, S. 26.

[18] J. Rollin, Les chansons de Cl. Marot. Paris 1951; O. Douen, Cl. Marot et le psautier huguenot. Paris 1878/79; J. Tiersot, Ronsard et la musique. Paris 1901; P. A. Gaillard, Loys Bourgeois. Diss. Zürich 1948.

[19] H. Osthoff, Josquin Desprez. 2 Bde., Tutzing 1962/1965.

Deklamation gerichtet[20]. Dabei findet die metrische Deklamation besonderes Interesse, wie an den für die Schule bestimmten Kompositionen der
Horaz-Oden deutlich wird. Petrus Tritonius hat die alkäische Strophe *Vides
ut alta stet* (Horaz-Oden I, 9, Augsburg 1507) in homophoner Deklamation
gestaltet.

[20] H. J. Moser, Die mehrstimmige Vertonung des Evangeliums. Leipzig 1931; K. Jeppesen,
Die mehrstimmige italienische Laude um 1500. Leipzig 1935; M. F. Bukofzer, Studies in
Medieval and Renaissance Music. New York 1950; R. v. Liliencron, Die Chorgesänge
des lateinisch-deutschen Schuldramas im 16. Jh., in: Vierteljahrschr. f. Musikwissenschaft VI, 1890, IX, 1893; G. Vecchi, Dalle Melopoiae di Tritonio alle Geminae unde-
viginti odarum Horatii melodiae, in: Memorie della Academia delle scienze di Bologna
Classe di scienze morali VIII, 1960; K. G. Hartmann, N. Borbonius in der Oden- und
Motettenkomposition des 16. Jh., in: H. Albrecht in memoriam. Kassel 1962; B. Wid-
mann, Die Kompositionen der Psalmen von St. Olthof, in: Vierteljahrschrift f.
Musikwissenschaft V, 1889; J. Overath, Untersuchungen über die Melodien des Lied-
psalters von Kaspar Ulenberg. Köln 1960.

In klanglicher Objektivierung hat Giovanni Animuccia, der eine Reihe von Kompositionen für Filippo Neris Oratorio 1540 schuf, diese Tendenz in harmonisch kontrapunktischer Euphonie verfolgt[21] und in der Vorrede seines Messenbuchs 1567 betont, daß er eine Textverständlichkeit so gestaltet, daß Kunst und Wohlklang nicht beeinträchtigt werden[22]. Es ist die gleiche Feststellung, die Palestrina im Anschluß an die Forderungen der Textverständlichkeit des Trienter Konzils[23] bei seinem 2. Messenbuch 1567, das noch strukturell bestimmte niederländische Kompositionen neben seinem Reformwerk enthält, trifft[24].

Wenn Agrippa v. Nettesheim[25] 1533 von der Musik seiner Zeit sagt, daß man vom Text kein Wort versteht[26], so betont er hier einen berechtigten allgemeinen Vorwurf der Zeit[27], der auch die Diskussionen um die Kirchen-

[21] L. Cervelli, Le laude spirituali di G. Animuccia e le origini dell'oratorio, in: Rassegna musicale XX, 1950.

[22] ... hoc unum in illis (missis) a quibusdam desideratur, verba ut ipsa, quibus populi erga Deum pietas continetur, apertius audiantur: nam, ut illi quidem sunt, non tam verba cantu exornari, quam flexionibus vocum obrui videntur. Quodcirca horum hominum iudicio adductus has preces et Dei laudes eo cantu ornare studui, qui verborum auditionem minus perturbaret; sed ita, ut neque ab artificio plane vacuus esset, et aurium voluptati paullulum serviret.

[23] Pius IV: Alias nonnullas constitutiones (Motuproprio vom 2. August 1564). Die durch das Motuproprio begründete Kardinalskommission richtete ihr Augenmerk besonders auf die Textverständlichkeit: ... si verba intelligerentur prout Reverendissimis placet ... (Punktationsbuch: Eintrag vom 28. April 1565; s. Anm. 28).

[24] ... Quapropter ego, qui tot annos in hac arte (si alieno magis, quam meo iudicio de me, acquiescere debeo) non omnino infoeliciter versatus essem, faciendum mihi putavi, ut gravissimorum et religiosissimorum hominum secutus consilium, ad rem christiana religione omnium maximam et divinissimam, hoc est, sanctissimum Missae sacrificium novo modorum debere decorandum, omne meum studium operam, industiamque conferrem ...

[25] K. G. Fellerer, Agrippa von Nettesheim und die Musik, in: Archiv für Musikwissenschaft XVI, 1959, S. 77—86.

[26] Hodie vero tanta in ecclesiis musicae licentia est, ut etiam una cum missae ipsius canone obscoene quaeque cantiunculae interim in organis pares vices habeant ipsaque divina officia et sacrae orationum preces conductis magno aero lascivis musicis non ad audientium intelligentiam, non ad spiritus elevationem, sed ad fornicatriam prurigienem non humanis vocibus, sed belvinis strepitibus cantillant, dum hinniunt discantum pueri, mugiunt alii tenoren, alii latrant contrapunctum, alii boant altum, alii frendent bassum faciuntque ut sonorum plurimum quidem audiatur, verborum et orationis intelligatur nihil, sed auribus pariter et animo iudicii substrahitur autoritas. (De vanitate et incertitudine scientiarum. Köln 1532, cap. 17.)

[27] Conrad von Zabern (gest. um 1480), De modo bene cantandi: Satis urbaniter cantare. K. W. Gümpel, Die Musiktraktate Conrads von Zabern (Akademie der Wissenschaften und der Literatur, Abh. Geisteswissenschaftl. Klasse, Jg. 1956 Nr. 4), Wiesbaden 1956, S. 127 (271); W. Lindanus, Panoplia evangelica. Köln 1575, Lib. IV, cap. 78, S. 407: ... ita erant omnia syllabarum repetitionibus commixta, vocibus confusa, clamoribus potius horridulis et incondito boatu, quam cantu obscurata ...

musik beim Konzil von Trient (22. Sitzung 1562) und durch die Kardinalskommission 1564 bestimmte[28]. Palestrina fand in der harmonischen Klang-
zusammenfassung des kontrapunktischen Satzes zur Homophonie die Textverständlichkeit seines *novum modorum genus*. Der Anfang des Gloria der
Missa Papae Marcelli gibt dafür ein Beispiel.

Die Textverständlichkeit ist hier mit der Klanggruppenbildung der
Stimmgruppierung verbunden. Der Satz bietet eine im Klangeindruck homophon deklamierte Doppelchörigkeit.

Neben dieser Kunst der Missa Papae Marcelli oder der Improperien, die
innerhalb der Polyphonie die humanistischen Reformgedanken verwirk-
lichen, blieben freilich die traditionellen Kontrapunktgestaltungen im

[28] Der Punktator Hojeda berichtet vom 28. April 1565: ... fuimus congregati ... ad
decantandas aliquot missas et probandum, si verba intelligerentur ... Vgl. K. Weinmann,
Das Konzil von Trient und die Kirchenmusik. Leipzig 1919, S. 25.

16. Jahrhundert bestehen. Sie ließen das Wort ohne Berücksichtigung des Wohlklangs in der kontrapunktischen Stimmverwicklung untergehen (s. Notenbeispiel S. 6). Trotz solcher Traditionen haben sich die Klang- und Deklamationsschwerpunkte in der Polyphonie immer deutlicher durchgesetzt. Die hier aufbrechende grundsätzliche Stilneuerung wurde von den Progressisten nicht in ihrer Bedeutung erfaßt, so daß G. B. Doni oder Pietro della Valle 1643 die Polyphonie ablehnen und Hieronymus Kapsberger die Mehrstimmigkeit aus der päpstlichen Kapelle verdrängt wissen wollte[29].

Die Textverständlichkeit wird nicht nur durch die enggefaßte deklamatorisch-akzentische Thematik des Satzes, sondern in der Gleichzeitigkeit der Stimmdeklamation im homophonen und akkordischen Satz verdeutlicht.

Mit der deklamatorischen Stimmzusammenfassung erhält das Harmonieproblem in Verbindung mit dem Kontrapunkt zunehmende Bedeutung[30], mit ihm die Tonarten- und Akzidentienfrage, die von der alten Kirchentonart zu einer Dur-Moll-Kadenzierung führt[31].

Die Entwicklung der Tonartenlehre zwischen Tinctoris[32] 1470 und Glarean[33] 1548 über Gafori[34], P. Aron[35], Steffano Vanneo[36], Angelico da Piccitono[37] ist von der strukturellen Tonordnung in den Species, d. h. den Gattungen der Quart- und Quintbildungen in der Ganz- und Halbtonfolge,

---

[29] A. W. Ambros, Geschichte der Musik IV³. Leipzig 1909, S. 18/19, S. 27.

[30] Schon Adam von Fulda fordert (Gerbert, SS III, S. 329): Omnis dissonantia, quoad fieri potest fugienda est... Licet olim veteres ultra tres aut quatuor imperfectas se sequi omnes prohiberent, nos tamen moderniores non prohibemus, praesertim decimas, cum ornatum reddant, voce tamen intermedia.

[31] N. Vicentino, L'antica musica ridotta alla moderna Rom 1555: fol. 53ᵛ: Si da regola alle cadentie, che tutte quelle che hanno da essere sustentate si debbono signare con i loro segni de Diesis cromatici o di b molli, o di incitati per schiffar molti errori fatti dalli cantanti che possono occorrere nelle compositioni si per rompere di disegno del compositore che in tal nota di cadentia volesse dimonstrare una durezza et ch'il cantante la sustentassi et far la musica dolce: et nelle cadentie dubbiose sarebbe maggior errore sustentare una sesta maggiore, che diventarebbe settima minore e farebbe gran discordo...

[32] Tractatus de musica in E. de Coussemaker, Scriptorum de musica mediiaevi, Nova series. Paris 1864—76, Vol. IV; K. Weinmann, J. Tinctoris und sein unbekannter Traktat De inventione et usu musicae. Regensburg 1917.

[33] Dodecachordon. Basel 1547.

[34] Theorica musice 1492, hrsg. G. Cesari. Rom 1934; Practica musicae = Musicae utriusque cantus Practica. Brescia 1497; P. Hirsch, Bibliographie der musiktheoretischen Drucke des Fr. Gafori, in: Festschrift Johannes Wolf. Berlin 1929.

[35] Libri III de institutione harmonica. Bologna 1516; Toscanello de la musica. Vineggia 1523; Trattato della natura et cognitione di tutti gli tuoni di canto figurato. Vineggia 1525; Lucidario in musica di alcune oppenioni antiche et moderne. Vineggia 1545; Compendiolo di molti dubbi segreti et sentenze intorno al canto fermo et figurato... Milano 1545.

[36] Recanetum de musica aurea. Rom 1533.

[37] Fior Angelico di musica. Vineggia 1547.

ausgegangen[38]. Musica ficta[39] und Akzidentien[40] haben in ihrer Umbildung bis zur Modulation Bedeutung gefunden[41].

Wesentlich wird die Ausdruckszuteilung zu den 12 Oktavgattungen, d. h. den Tonarten und einzelnen Klangerscheinungen[42]. Wenn Tinctoris vom Tritonus feststellt: *aures offendat*[43], ist damit eine Ausdruckswertung gegeben, die auch als besonderes Ausdrucksmittel verwendet werden kann[44].

[38] Diese Ordnung geht auf Boethius zurück und wird von Guido von Arezzo, Berno, Wilhelm von Hirsau u. a. bis Hieronymus von Mähren oder Walther Odington weitergeführt. Glarean und Zarlino begründen in den Oktaven, Quinten- und Quartengattungen das Wesen der Kirchentöne.

[39] H. Riemann, Musica ficta, in: Geschichte der Musiktheorie. ²Berlin 1920, S. 378 ff.

[40] Th. Kroyer, Die Anfänge der Chromatik im italienischen Madrigal des 16. Jh. Leipzig 1902; ders., Zum Akzidentienproblem im Ausgang des 16. Jh., in: Kongreßbericht Wien 1909; O. Chilesotti, Le alterazioni cromatiche nel secolo XVI⁰, ebda; R. v. Ficker, Beiträge zur Chromatik des 14. bis 16. Jh., in: Studien zur Musikwissenschaft II, 1914; E. E. Lowinsky, Secret Chromatic Art in the Netherlands Motet. New York 1946.

[41] Tinctoris, De natura et proprietate tonorum (Coussemaker, SS IV, cap. 24): Denique notandum est, quod commixtio et mixtio tonorum non solum fiunt in simplici cantu, verum etiam in composito, talique modo, ut si cantus sit in duabus, tribus, quatuor aut pluribus partibus compositus, una pars erit toni, altera alterius, una authentici, altera plagalis, una mixti, altera commixti. Unde quando missa aliqua vel cantilena vel quaevis alia compositio fuerit ex diversis partibus diversorum tonorum effecta, si quis peteret absolute respondere secundum qualitatem tenoris, eo quod omnis compositionis sit pars principalis et fundamentum totius relationis ...

[42] Zarlino (Istituzioni harmonici IV, cap. 10 und 11): ... li modi sono necessariamente dodici.

[43] Contrapunctus II (Coussemaker SS IV, S. 121): Tritonus est discordantia adeo naturae inimica est, ut non solum aures offendat, verum etiam a tenore in eam vel ab ea in tenorem absque medio ascendere vel descendere voci humanae quodammodo, sit impossibile, vocatur communiter quarta falsa.

[44] P. Aron nennt (in De harmonica institutione I, 12) den tritonus asperum, quoque ac difficillimum canenti se offert und gibt ihm damit einen besonderen Ausdruckswert ebenso wie in seinem Trattato della natura e cognizione di tutti gli tuoni di canto figurato ... 1525, cap. 4: Acciochè il tritono il quale nel mezzo si interpone non habbi nel canto a generare alcuno incommodo ne durezza. Wenn nicht zu besonderer tonmalerischer Darstellung der Tritonus oder die Akzidentien verwendet werden, sind sie zu vermeiden. Lib. de natura et proprietate tonorum cap. 7: Notandum autem, quod non solum in iis duobus tonis tritonus est evitandus, sed etiam in omnibus aliis. Inde regula generalis traditur, quod in quolibet tono si post ascensum ad ♭ fa ♮ mi acutum citius in F-f-fa-ut grave descenditur, quam ad C-sol-fa-ut ascendatur indistincte per ♭ molle canatur, ut hic patet ... Die Akzidentiensetzung bei der Kadenz gewinnt besondere Bedeutung für die Umbildung der Kirchentonarten: G. Zarlino. Istituzioni harmonici III, cap. 53: senza porre il segno della corda chromatica, per fare dell'intervallo del tuono un semituono, imperoche in quella parte, che tra la penultima figura e la ultima si trova il movimento che ascende, sempre si intende essere collocato il semituono, pur che altra parte non discende per simile intervallo: conciosia chè allora il semituono non si potrebbe porre da due parti, cioè nella parte grave et nella acuta: perchè si udirebbe uno intervallo minore di un semiditono, che sarebbe dissonante. Ma la natura ha provisto in simil cosa: perciochè non solamente li periti della musica, ma anco lo contadini che cantano senza alcuna arte procedono per l'intervallo del semituono.

Glarean hat 1548 das Dur-Moll-System und seine Kadenzierung theoretisch begründet, nachdem es bereits durch Akzidentiensetzung in der Praxis der Kirchentonarten nicht unbekannt war[45].

Die Chromatik Gesualdos aber hat nicht nur strukturelle Erweiterungen der Harmonik bedingt, sondern neue Mittel einer subjektiven Affektdarstellung geschaffen[46]. Er entwickelt in diesem chromatischen Experimentieren im Dienste der persönlichen Ausdrucksgestaltung ganz unerhörte Klänge gegenüber der diatonischen Grundordnung der damals üblichen Harmonik.

Gesualdo, Io pur respiro (Madrigali 5 v. Lib. VI)

[45] Die Akzidentienfrage stellt sich für die einzelnen Tonarten verschieden. P. Aron, Toscanello 1562, Aggiunta: il cantore è tenuto a dovere intendere et conoscere l'incognito secreto, di tutti gli luoghi, dove tal figure o segni bisogneranno. Angelo da Piccitono, Fior angelico di musica. Vineggia 1547, cap. 29: Che è molto megliore et più soave il cantare per lo congiunte tolerabili che per le voci proprie delle chiavi, che le congiunte tolorabili non vitiano il canto, ma si bene le intolerabili.
[46] A. Einstein, The Italian Madrigal. Princeton 1949, II, S. 688.

Die Klangerweiterung durch Chromatik bedeutet eine Ausdruckssteigerung über die alte Akzidentienverwendung der *musica ficta*[47] hinaus. Wenn
Artusi den Satz prägt: *Il comporre d'oggi e una mescolanza*, d. h. eine Mi-
schung von Diatonik und Chromatik[48], kennzeichnet er neue musikalische
Ausdruckmittel, die er an Beispielen wie von Andrea Gabrieli oder des
Instrumentenbaus ablehnt und nur in Verbindung mit Vorstellungen der
antiken Musiktheorie gelten läßt[49]. Nicola Vicentino hat in seinen Madrigalen 1546[50], seinem Archicembalo[51] und in seiner theoretischen Schrift
L'antica musica ridotta alla moderna prattica (1555) der Chromatik eine
zentrale Stellung gegeben[52]. Domenico Pesaro hat auf Veranlassung Zarlinos
ähnliche Versuche durchgeführt, ebenso wie Karl Luyton, dessen Instrument
mit geteilten Tasten noch Prätorius gesehen und beschrieben hat[53]. Carlo
Gesualdo Principe da Venosa hat die Ausdruckschromatik auf die Spitze
getrieben[54], nachdem auch Orlando di Lasso, Pomponio Nenna oder Monteverdi die Ausdrucksbedeutung der Chromatik in ihren Kompositionen ent-
deckt hatten[55].

Wie die Diminution[56] im kontrapunktischen Satz, so ist die Chromatik

[47] H. Riemann, Verlorengegangene Selbstverständlichkeiten in der Musik des 15./16. Jahrhunderts. Langensalza 1907; R. v. Ficker, Beiträge zur Chromatik des 14.—16. Jahrhunderts, in: Studien zur Musikwissenschaft II, 1914, S. 5.

[48] Delle imperfezione della moderna musica. Venezia 1600, S. 37.

[49] A. a. O., S. 17: ... Questi pensieri de gli antichi oltramodo mi piacciono et tanto più
che s'affrontano con l'opinone de'moderni, o per meglio dire, li moderni s'adheriscono et
osservano le cose de gli antichi: non essendo bene il destruggere la memoria loro, anzi
conservarla et imitarla, poi che da loro è venuto il buono e'l bello della musica e di
tutto l'altre scienze.

[50] Madrigali ... composti al nuovo modo del celeberrimo suo maestro ritrovati (A. Willaert).

[51] Artusi, Delle imperfezione della musica. Venezia 1600, S. 15; N. Vicentino, L'antica
musica ridotta alla moderna prattica. Roma, 1555: Lib. V.

[52] Libro I: cap. 7, 12, 18—31, 41, 42, Lib. III: cap. 36—44, 52—55, Lib. V.
cap. 40—45, 49.

[53] M. Praetorius, Syntagmatis musici ... Tomus secundus de Organographia. Wolfenbüttel,
1619, S. 63.

[54] C. Gray, Carlo Gesualdo. London 1947; R. Marshall, The Harmony Laws in the Madrigals of C. Gesualdo. Diss. Ann. Arbor 1956; Th. Kroyer, Die Anfänge der Chromatik
im italienischen Madrigal des 16. Jh. Leipzig 1902.

[55] L. Schrade, Von der Manier der Komposition in der Musik des 16. Jahrhunderts, in:
Zeitschr. f. Musikwiss. XVI, 1934, S. 3, 92, 152; A. Einstein, Augenmusik im Madrigal,
in: Zeitschr. d. Intern. Musikgesellsch. XIV, 1912/13, S. 8.

[56] H. Goldschmidt, Verzierungen, Veränderungen und Passaggien im 16. und 17. Jahrhundert, in: Monatshefte für Musikgeschichte XXIII, 1891; ders. Die Lehre von der
vokalen Ornamentik. Charlottenburg 1907; M. Kuhn, Die Verzierungskunst in der
Gesangsmusik des 16. und 17. Jahrhunderts. Leipzig 1902; A. Beyschlag, Die Ornamentik der Musik. Leipzig 1908; R. Ide, Die melodischen Formeln der Diminutionspraxis.
Diss. Marburg 1951; F. Chrysander, L. Zaccomi als Lehrer des Kunstgesanges, in:
Vierteljahrschr. f. Musikwiss. VII, 1891, S. 337, IX, 1893, S. 249, X, 1894, S. 531.

im harmonischen Klang eine Ausdruckssteigerung, die zunächst improvisatorisch am Instrument gesucht wird. Pietro della Valle hat Gesualdo mit den Komponisten der ersten monodischen Oper Peri und Monteverdi zusammengestellt[57]. Damit hat er klar die dramatische Wirkung der neuen Ausdruckssteigerung durch die Chromatik erfaßt.

Cl. Monteverdi, A Dio Florida bella.
Sesto libro dei Madrigali 1614 (G.A. S. 45)

[57] Della musica dell'età nostra (Doni Opp. II, S. 251): I primi, che in Italia abbian seguitato lodevolmente questa strada ... sono stati il Principe di Venosa, che diede forse luce a tutti gli altri del cantare affettuoso, Claudio Monteverde e Jacopo Peri.

Zunächst sind Gesualdos chromatische Klangexperimente in dieser Konsequenz freilich wenig weiterverfolgt worden. Das Ideal der diatonischen Satzklarheit Palestrinas [58] blieb herrschend.

Bei A. Willaert [59] vollzieht sich zunächst auf dieser Grundlage in vielfältigen Entwicklungen dieser Ausdruckswandel, der bei Zarlino seine theoretische Darstellung erhält und im Klang- und Satzexperiment von Willaerts Nachfolger Cyprian de Rore [60] fortgeführt wird [61].

Wesentlich ist, daß es sich bei diesen Neuerungen nicht um strukturelle und satztechnisch bestimmte Erweiterungen handelt, sondern um Ausdrucksmittel, die von einem neuen Ausdruckswollen bestimmt sind. Sie machen sich diese Gestaltungsmittel zur Ausdruckssteigerung nutzbar. In der musikalischen Ausdrucksgestaltung aber liegt das um die Mitte des 16. Jahrhunderts aufbrechende neue Kunstwollen begründet, das zunächst in der Mehrstimmigkeit seine Gestaltung findet und den Stilwandel bestimmt.

Ist schon in der Tonartenentwicklung die harmonische Ordnung des Satzes hervorgetreten, so wird dies durch die zunehmende Stimmenzahl [62] nicht nur bei der Kadenzierung verstärkt. Die im Kreis um Dufay [63] vorherrschende Dreistimmigkeit ist bei Josquin vorwiegend vierstimmig, in der Mitte des 16. Jahrhunderts fünfstimmig geworden [64]. Abgesehen von der gesteigerten Klangwirkung ist durch die Steigerung der Stimmenzahl die

---

[58] K. G. Fellerer, Le Messe e i Motteti del Palestrina, in: L. Bianchi e K. G. Fellerer, G. P. da Palestrina. Torino 1971, S. 263—342.

[59] H. Zenck, Über Willaerts Motetten, in: H. Zenck, Numerus und Affectus herausg. v. W. Gerstenberg. Kassel 1959, S. 55; E. Hertzmann, A. Willaert in der weltlichen Vokalmusik seiner Zeit. Leipzig 1931; R. Lenaerts, Notes sur A. Willaert, in: Bulletin de l'Institut Hist. Belge de Rome XV, 1935; E. E. Lowinsky, Secret Chromatic Art in the Nederlands Motet. New York 1946; H. Beck, A. Willaerts Messen, in: Archiv f. Musikwiss. XVII, 1960, S. 215.

[60] J. C. Hol, Ciprian de Rore, in: Festschrift Karl Nef. Basel 1933, S. 134; A. Johnson, The Masses of Ciprian de Rore, in: Journal of the American Musicological Society VI, 1953, S. 227.

[61] La scuola veneziana sec. XVI—XVIII ed. Accademia musicale Chigiana. Siena 1942.

[62] P. Aron, Il Toscanello II, S. 31: Quando a te piace comporre à più di quattro voci, sappi che se tu ti imaginerai di aggiungere una quinta parte, bisogna volendo che detta quinta parte sia un secondo soprano avertisci di mutare i luoghi dell'uno, et dell'altro, in modo che tu non passi l'altezza e la bassezza . . . Così simile intenderai quando uno ò più tenori o contralti saranno aggiunti.

[63] H. Besseler, Bourdon und Fauxbourdon. Leipzig 1950; Ch. v. d. Borren, Etudes sur le XVe siècle musical. Antwerpen 1941; M. F. Bukofzer, Studies in Mediaeval and Renaissance Music. New York 1950.

[64] H. Osthoff, Josquin Desprez Bd. II. Tutzing 1965, S. 266.

Bewegungsfähigkeit der Stimmen eingeschränkt und damit zu einer zunehmend homophonen Stimmbindung geführt[65].

Kompositionstechnisch hat sich das von Tinctoris noch vertretene Verfah-
ren, vollständige Stimmen zu einem *cantus prius factus* zu schreiben[66], wie
Pietro Aron in seinem Toscanello 1523 berichtet, in eine vertikal bestimmte
Kompositionsweise kurzer Abschnitte verändert.

Diese neue Kompositionsmanier ist auch darin begründet, daß nicht mehr
eine regelmäßige Abfolge der Stimmeinsätze erfolgt, sondern daß auch
homophone Stimmzusammenfassungen bei Beginn eines Abschnittes erfolgen
können[67]. Durch das Zurücktreten des improvisierten *contrapunctus supra
librum*[68] ist die Vertikalstruktur in der Komposition[69] in den Vordergrund

[65] Während bei den frühen 5—8stimmigen Sätzen noch durchgehende imitatorische Ein-
sätze gegeben sind oder eine Verdopplung eines vierstimmigen Kanons erfolgt (z. B.
Mouton, Nesciens mater), teilen sich nach Josquin die Stimmen in Klanggruppen, die als
»Chöre« in der homophonen Stimmzusammenfassung zu selbständigen Klangkörpern
werden. Vgl. E. Salomon, Scientia artis musicae (Gerbert SS. III, S. 58).

[66] Proportionale III, cap. 4: Est autem primaria pars totius compositi cantus fundamentum
relationis, quam primo factam ut principalem ceterae respiciunt ... suprema pars primaria est scilicet dum alicui alto cantu simpliciter composito unam aut plures addimus
partes ...

[67] P. Aron, De institutione harmonica. Bononiae 1516, Lib. III, 10: Modulatio ... secundum
veterum morem et institutionem primum quidem a cantu inchoanda est, subsequi tenor
debet, tertio loco Bassus, quarto ... Nostri tamen temporis compositores facile deprehen-
duntur hanc non servare veterum consuetudinem ... Die Konsonanzordnung ist bei
beiden Strukturen bestimmend. Tinctoris, De arte contrapuncti. Lib. III, Regula 1
(Coussemaker SS. IV, S. 147): Omnis contrapunctus per concordantiam perfectam
incipere finirique debet. Bei Gafori (Practica musica. Mediolani 1496, III, 3) ist dieses
Gebot gelockert: Quod principia uniuscuiusque cantilenae sumantur per concordantias
perfectas ... Verum hoc primum mandatum non necessarium est, sed arbitrarium, namque
perfectionem in cunctis rebus non principiis sed terminationibus adtribuuntur. Ebenso
schreibt Ornitoparch (Micrologus IV, 1 Lipsiae 1517):
Omnes cantilenae partes in principio et fine veteres in concordantiis perfectis posuere,
quae lex apud nos arbitraria est.

[68] Contrapunctus a mente. Adrian Petit Coclico betont in seinem Compendium musicae,
Nürnberg 1555, noch die Bedeutung des Contrapunctus a mente und bedauert seine
geringe Pflege in Deutschland: Primum itaque, quod in bono compositore desideratur,
est, ut contrapunctum ex tempore canere sciat. Quo sine nullus erit ... Modus canendi
contrapunctum in Germania rarus est ...

[69] Ornitoparch behandelt die Kadenzordnung in zehn Regeln (Musicae activae Micrologus
1517, Lib. IV, cap. 5: De clausulis regulae). Ebenso P. Aron, Il Toscanello 1523. Lib. II,
cap. 21; G. Zarlino, Istituzioni harmoniche 1558; Parte III; L. Zacconi, Prattica di
musica. Venezia 1622, Lib. II, 2, 34 u. a.

getreten [70]. Die Satztechnik, damit auch die Intervallenlehre [71], bestimmt die Musiklehre und schafft, ohne es zunächst herauszustellen, in einer neuen Klangwertung die Grundlage einer den Ausdruck tragenden Musik. Im Satz selbst, wie in der Häufung von Stimmen, bilden sich kompakte Klanggruppen, die Deklamation und Wortausdruck besser verdeutlichen können, als es polyphonen Satzstrukturen möglich ist.

Wie die thematische Bewegung durch eine Vielzahl von Stimmen nur noch als Klanggruppe auftreten kann, zeigt der Anfang des Sanctus der 53stimmigen Festmesse von Orazio Benevoli [72] zur Einweihung des Salzburger Doms 1628.

Mit der neuen Wortwertung und der in harmonischen Schwerpunkten bestimmten musikalischen Satzgestaltung, die zunehmend der Oberstimme die Führung des Satzes überträgt, hat die mehrstimmige Musik um die Mitte des 16. Jahrhunderts neue Ausdruckswerte gegenüber der kontrapunktischen Struktur der Niederländer gewonnen. Das Klangprinzip ist bestimmend hervorgetreten, damit das quantitative und qualitative Besetzungsproblem. Die strukturelle Vielstimmigkeit um 1500 ist zu einer klanglich geordneten Vielstimmigkeit in der chorischen Aufteilung der Polychorie geworden [73].

Ausgehend von Adrian Willaert ist dieses klanglich bestimmte Ausdrucksprinzip der Polychorie in Venedig durch die beiden Gabrieli [74] oder Giovanni Croce [75] zur Meisterschaft gediehen. Mit dem Vokalklang wird ein differenzierter Instrumentalklang [76] verbunden und damit im Klang die Farbigkeit

---

[70] Res facta und improvisierter Kontrapunkt (Discantus) wurden ursprünglich unterschieden, in der Struktur jedoch später gleichgesetzt. A. Petit-Coclicus (Compendium musicae, Nürnberg 1555: De regulis contrapuncti): Regula compositionis a regula contrapuncti parum differt. Compositionis regula liberior est et in hac plura licent, quam in contrapuncto.

[71] Während Tinctoris noch die einfachen Intervalle überprüft, untersucht P. Aron (De harmonica institutione III, 21, 22) ihre Zusammenhänge im mehrstimmigen Zusammenklang von vier Stimmen. Der Konsonanz-Dissonanz-Charakter einzelner Intervalle, wie der Quarte, wird überprüft. War sie bei P. Aron (De istitutione harmonica III, 4) oder A. Petit Coclicus die »mala species«, so stellt G. Zarlino (Istituzione harmoniche III, 5) fest: La quarta veramente non è Dissonanza, ma consonanza (1573, S. 177).

[72] G. Adler, Vorwort zu Denkmäler österreichischer Tonkunst X, 1; ders. Una Messa e un Inno a 53 voci di O. Benevoli, in: Rivista musicale Italiana X, 1903, S. 1.

[73] P. Winter, Der mehrchörige Stil. Frankfurt 1964; E. Hertzmann, Zur Frage der Mehrchörigkeit in der 1. Hälfte des 16. Jahrhunderts, in: Zeitschrift für Musikwissenschaft XII, 1929, S. 138.

[74] C. v. Winterfeld, Johannes Gabrieli und sein Zeitalter. 2 Bde. Berlin 1834; R. Wiesenthal, G. Gabrieli. Diss. Jena 1953; A. A. Abert, Die stilistischen Voraussetzungen der Cantiones sacrae von H. Schütz. Wolfenbüttel 1935.

[75] L. Torchi, G. Croce, in: Rivista mus. Italiana XVI, 1909; D. Arnold, G. Croce and the Concertato-Style, in: Musical Quarterly XXXIX, 1953, S. 37.

[76] S. Kunze, Die Instrumentalmusik G. Gabrielis. Tutzing 1963.

geschaffen, in der sich Venedigs Maler in der bildenden Kunst bewährten. Durch die cori spezzati [77] entfaltete sich eine dynamische Raumkunst, die in Rom mit seinen große Kuppelräumen weitergeführt wurde, im Gegensatz zu der statischen Strukturzeichnung früherer Musik. Zarlino hebt diese Kunst als venezianische Tradition hervor [78]. Wenn Willaert seine Klang- und Ausdruckskunst mit allen niederländischen Künsten verband, so mag dies ein Relikt äußerer Kunstfertigkeiten sein, für die Zarlino kein Verständnis mehr hatte [79].

Durch die vom Klang bestimmte, von der Oberstimme geführte Raumkunst ergibt sich eine neue Dimension des Musikerlebnisses neben dem Satz, der Harmonie, Struktur und Deklamation, dem Klang und seiner Differenzierung. Die hier gewonnene Dimension gewinnt in der affektbestimmten Darstellung des Sologesangs eine neue Bedeutung.

Die neue Affektbetonung aber hat die Eigenart des mehrstimmigen Madrigals bestimmt. Freude und Hoffnung, Schmerz und Leiden sind in Dichtung und Musik in Verbindung mit Liebes- und Naturstoffen beherrschend. Bei A. Banchieri [80] oder O. Vecchi [81] tritt die Komik stärker hervor, die mit volkstümlichen und humoristischen Stoffen in Villanella [82], Villota [83], Canzon alla Napolitana [84] eine einfache verständliche Gestalt gefunden hat [85].

[77] G. Zarlino, Istitutioni harmoniche III, 66. Venezia 1558; H. Zenck, A. Willaerts Salmi spezzati (1550), in: Die Musikforschung II, 1949; D. Arnold, A. Gabrieli und die Entwicklung der cori-spezzati-Technik, in: Die Musikforschung XII, 1959, S. 258.

[78] Istitutioni harmoniche II, 66: Accaderà alle volte di comporre alcuni Salmi in una maniera, che si chiama a Choro spezzato, i quali si sogliono cantare in Venezia nelli vesperi et altre hore delle feste solenni ... et li chori si cantano hora uno, hora l'altro a vicendo et alcune volte tutti insieme, massimamente nel fine ... Questo avvertimento non è da sprezzare ... et fu ritrovato dall eccellentissimo Adriano.

[79] Istitutioni harmoniche. Venezia 1558, III, 70.

[80] E. Capaccioli, Precisazioni biografiche su A. Banchieri, in: Rivista mus. Italiana LVI, 1954, S. 340; F. Vatielli, Il Madrigale drammatico e A. Banchieri, in: Arte e vita musicale di Bologna I, 1927; F. Mompellio, Un »grillesco capriccio« di A. Banchieri, in: Riv. mus. It. LV, 1953, S. 371.

[81] J. C. Hol, H. Vecchis weltliche Werke. Straßburg 1943; ders. L'Amfiparnaso e Le veglie die Siena, in: Riv. mus. It. XL. 1936, S. 3; ders. Le veglie di Siena, in: Riv. mus. It. XLIII, 1939, S. 17; C. Perinello, L'Amfiparnaso, in: Riv. mus. It. XLI, 1937, S. 1 ff.; G. Camillucci, L'Amfiparnaso, in: Riv. mus. It. LIII, 1951; J. B. Rodgers, The Madrigals of O. Vecchi. Diss. Los Angeles 1954.

[82] F. Nicolini, La villanella Napolitana in Riv. mus. It. LIV, 1952, S. 21.

[83] C. Somborn, Die Villotta. Heidelberg 1901.

[84] W. Dürr, Die italienische Kanzonette und das deutsche Lied im Ausgang des 16. Jahrhunderts, in: Festschrift L. Bianchi, Bologna 1960; E. Gerson-Kiwi, Studien zur Geschichte des italienischen Liedmadrigals im 16. Jahrhundert. Würzburg 1938.

[85] R. Hohenemser, Über Komik und Humor in der Musik, in: Jahrbuch Peters XXIV, 1917, S. 65.

Bei Giacomo Gastoldi [86] oder Baldassare Donati [87] ist eine Verbindung zwischen der hohen Madrigalkunst und den Volksformen durchgeführt, die von der kunstvollen Polyphonie zur einfachen Homophonie in Dur- und Moll-Harmonik strebt.

Schon bei Arcadelt ist diese Vereinfachung von Satz und Form in klarer Harmonik und Deklamation deutlich.

J. Arcadelt, Madrigal: Se per colpa
Il primo libro di Madrigali. Venezia 1539

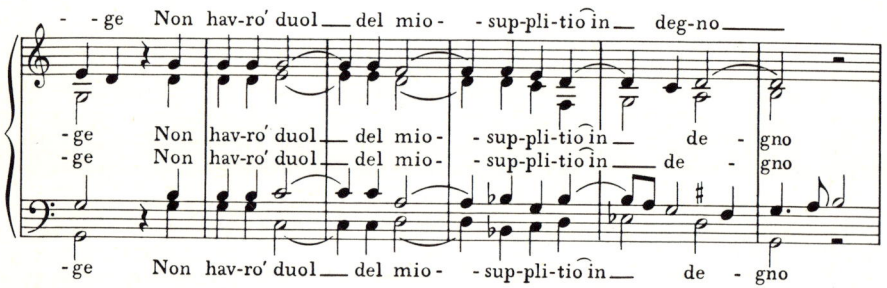

[86] B. Naudin, Ballet italien de J. J. Gastoldi. Paris 1935; A. Bertolotti, Musici alla corte dei Gonzaga in Mantova. Milano 1890.
[87] A. Einstein, The Italian Madrigal I. Princeton 1949, S. 449.

Wenn Tinctoris in seinem *Complexus effectuum musicae*[88] um 1480 bei der Besprechung von biblisch oder mythologisch begründeten Wirkungen, wie *Dei laudes decanere* oder *diabolum fugare,* noch älteren Vorstellungen folgt[89], so ist bei Glarean[90] oder Zarlino[91] in der Bindung an die musikalische Praxis der subjektive Affekt der musikalischen Gestalt bestimmend.

Gafori (1451–1522)[92], Ramis de Pareja[93], Johannes Spataro[94], Nicolaus Burtio[95], Andreas Ornitoparch[96] leiten auf der Grundlage eines humanistischen Realismus zur Wertung musikalischen Ausdrucks über, der über Giovanni Maria Lanfranco[97] oder Steffano Vanneo[98] zu Glareans Dodecachordon 1547[99] führt. Josquins, in ihrer Struktur vollendete Ausdruckskunst ist die Grundlage seiner gelehrten Musikdeutung, die er auf antiken Wertmaßstäben zu entfalten bestrebt ist[100].

In der Mitte des 16. Jahrhunderts ist das Ausdrucksproblem in der mehrstimmigen Musik, d. h. vor allem in Motette und Madrigal sowie in ihren

[88] Complexus viginti effectuum nobilis artis musices (Ms. Gent).

[89] Den Anfang des Credo der Missa La belle se siet von Ockeghem betrachtet er in Rücksicht auf die traditionellen Dissonanzregeln und das Gehör kritisch (Contrapunctus Lib. II, cap. 32): ... quod si tanquam optimus compositor ac dulcedinis accuratus exquisitor effecerit, cunctis id audientibus iudicandum relinquo.

[90] Dodecachordon, Lib. III, cap. 13, 14, 16, 26.

[91] Istitutioni harmoniche. Venetia 1573: Parte I, cap. 1—5; III, cap. 25—39; cap. 74—80; IV, cap. 10, cap. 32; ders., Sopplimenti musicali. Venetia 1588: Lib. VII, cap. 2; Lib. VIII, cap. 1, cap. 7—11.

[92] L. Cremascoli e L. Salamina, F. Gafori. Lodi 1951; F. Gafori, Theoricum opus musice disciplinae. Napoli 1480; Practica musicae. Milano 1496; De harmonia musicorum instrumentorum opus. Milano 1518.

[93] Musica practica (1472) ed. J. Wolf. Leipzig 1901; A Seay, Florence the city of Hothby and Ramis, in: Journal of the American Musicological Society, IX, 1956.

[94] Errori di F. Gafurio. Bologna 1521; Honesta defensio in N. Burtii Parmensis opusculum. Bologna 1491; Tractato di musica. Venezia 1531. — Gaffori antwortete mit: Apologia adversum Joannem Spatarium. Torino 1520.

[95] Musices opusculum. Bologna 1487.

[96] Musicae activae Micrologus. Leipzig 1517. Das Werk erschien noch 1540, ebenso in einer englischen Übersetzung 1609 und in Auszügen in den Musiktraktaten von A. da Pitono, Picitono und Cl. Sebastiani.

[97] Le scintille di musica. Brescia 1533.

[98] Recanetum de musica aurea. Rom 1533.

[99] O. F. Fritsche, H. Glareanus. Frauenfeld 1890; H. Birtner, Studien zur niederländisch-humanistischen Musikanschauung. Heidelberg 1930.

[100] H. Glarean, Dodecachordon, Basel 1547 (deutsch von P. Bohn 1888, S. 323); Vorrede zu Moduli ex sacris literis dilecti ... Lib. I., Paris 1555 (Gesamtausgabe Motetten, Heft 1, S. VIII); Joh. Ott, Secundus tomus novi operis musici 1538, Vorrede.

verwandten Formen, gelöst. Das Wort und sein Ausdruck bestimmt die Musik[101].

Mit Josquin ist neben vielen anderen durch Costanzo Festa (1480–1545) die kontrapunktische Fertigkeit mit einer feinsinnigen Ausdrucksgebung verbunden worden, die in einer falsobordoneartigen homophonen Stimmzusammenfassung eine klare Deklamation schafft. Bezeichnend ist, daß er trotz hoher kontrapunktischer Kunst zu einer poetisierenden Ausdrucksgebung gelangt und in dreistimmigen Motetten die Wirkung der Geringstimmigkeit erprobt.

In dieser realistischen Ausdruckssteigerung wird die Voraussetzung einer dramatischen Auswertung der mehrstimmigen Kunst geschaffen, die im dramatischen Madrigal und Intermedium sich entfaltet[102]. Gleichzeitig aber kann sich dieser verselbständigte musikalische Ausdruck vom Wort lösen und eine ausdrucksbestimmte selbständige Instrumentalmusik begründen[103]. Diese aber kann ebenso wie das Madrigal einem dramatischen Ausdruck dienstbar gemacht werden[104].

[101] In der Vorrede zu den Missae tredecium quatuor vocum a praestantissimis artificibus compositae. Nürnberg 1539 schreibt J. Otto: ... Atque hic videmus eruditos musicos diligenter eam regulam secutos esse, quam apud Platonem de melodiis Socrates praescribit: ...
quod musicus debet melodiam cogere, ut sequatur verba, non verba melodiam. Cum enim in istis ecclesiae vocibus maxima insit gravitas, etiam musicis sonis decentem gravitatem induerunt artifices ...
Caccini kann den Satz Platos nicht im Sinne der Melodiebildung in der Polyphonie verstehen und betont, in der Vorrede zu seinen Nuove musiche, er sei überzeugt worden: à non pregiare quella sorte di musica, che non lasciando bene intendersi le parole, guasta il concetto e il verso, ora allungando et ora scorciando le sillabe per accomodarsi al contrappunto, laceramento della poesia, ma ad attenermi a quella maniera cotanto lodata da Platone et altri filosofi, che affermarono, la musica altro non essere, che la favella e l'ritmo et il suono per l'ultimo, e non per lo contrario.

[102] A Solerti, Gli albori del melodramma. 3 Bde. Palermo 1904/5; F. Ghisi, Feste musicale della Firenze medicea 1480—1589. Firenze 1939; L. Magagnato, Teatri italiani del cinquecento. Roma 1951.

[103] W. J. Wasielewski, Geschichte der Instrumentalmusik im 16. Jahrhundert. Berlin 1878; O. Kinkeldey, Orgel und Klavier in der Musik des 16. Jahrhunderts. Leipzig 1910; G. Cesari, Origini della canzona strumentale, in: Istitutioni e monumenti dell'arte musicale italiana II. Milano 1932; D. Kämper, Studien zur instrumentalen Ensemblemusik des 16. Jahrhunderts in Italien. Köln—Wien 1970; Cl. Sartori, Bibliografia della musica strumentale italiana stampata in Italia fino al 1700. Firenze 1952.

[104] R. Gläsl, Zur Geschichte der Battaglia. Diss. Leipzig 1931; D. Kämper, Studien zur instumentalen Ensemblemusik des 16. Jh. in Italien. Köln—Wien 1970, S. 167, 192, 202.

Hat die Tabulatur[105] schon im beginnenden 16. Jahrhundert eine selbständige Instrumentalmusik geschaffen, so tritt in der 2. Hälfte des 16. Jahrhunderts ihre Ausdrucksgestaltung hervor, die sich besonders in der Kanzone zeigt, aus der zu Beginn des 17. Jahrhunderts die monodische Sonata wurde[106]. Biagio Marini, der auch am Düsseldorfer Hof wirkte, zählt zu den ersten, die diese instrumentale Solokunst verwirklichten[107].

Der musikalische Ausdruck ist gegenüber einer bloßen Wortdeklamation und Wortdarstellung so stark geworden, daß eine selbständige Instrumentalmusik bei Claudio Merulo[108], den beiden Gabrieli bis Claudio Monteverdi sich entfalten konnte. Dabei sind neben den Übertragungen des Vokalsatzes wie bei den Ricercaren oder Kanzonen, aus der Klang- und Spieltechnik gewordene instrumentale Eigenformen wie Toccaten, Capricci entstanden[109].

Bis zur Dramatisierung des Affekts sind im Madrigal alle Voraussetzungen zu einer von der Musik getragenen Ausdruckssteigerung und Ausdrucksgestaltung entwickelt, die auch unter Verzicht auf das Wort im selbständigen Instrumentalsatz deutlich werden kann.

---

[105] K. Dorfmüller, Studien zur Lautenmusik der 1. Hälfte des 16. Jahrhunderts. Tutzing 1967; O. Körte, Laute und Lautenmusik bis zur Mitte des 16. Jh. Leipzig 1901; J. Jacquot, Le luth et sa musique. Paris 1958; W. Merian, Der Tanz in den deutschen Tabulaturbüchern. Leipzig 1927; W. Young, Keyboard Music up to 1600, in: Musica disciplina XVI, 1962, XVII, 1963.

[106] J. M. Knapp, The Canzone Francese and its Vocal Models. Diss. Columbia University, New York 1941; E. C. Crocker, An Introductory Study of the Italian Canzona for Instrumental Ensembles. Diss. Cambridge (Mass.) 1943; A. Schlossberg, Die italienische Sonata für mehrere Instrumente im 17. Jh. Diss. Heidelberg 1935; A. Heuss, Ein Beitrag zur Klärung der Kanzonen- und Sonatenform, in: Sammelbände der Intern. Musikgesellschaft IV, 1902/3; S. Kunze, Die Instrumentalmusik G. Gabrielis. Tutzing 1963.

[107] A. Schering, Zur Geschichte der Solosonate, in: Festschrift H. Riemann. Leipzig 1909; D. J. Iselin, Biagio Marini. Diss. Basel 1930.

[108] B. Dissertori, Le canzoni strumentali di Cl. Merulo, in: Riv. mus. It. XLVII, 1943, S. 305.

[109] E. Valentin, Die Toccata (Das Musikwerk XVII). Köln 1958; L. Schrade, Die ältesten Denkmäler der Orgelmusik als Beitrag zu einer Geschichte der Toccata. Münster 1928; O. Gombosi, Zur Vorgeschichte der Toccata, in: Acta musicologica VI, 1934, S. 49.

II

Gleichzeitig mit der Ausdruckssteigerung der Mehrstimmigkeit entfaltet sich im 16. Jahrhundert in der Aufführungspraxis der mehrstimmigen Vokal- und Instrumentalmusik ein solistischer Vortrag[1]. Diese von den melodischen Gesetzen der Polyphonie bzw. Homophonie abgeleitete Monodie steht neben der recitativischen Monodie der Florentiner als eine selbständige Entwicklung. Ein Übergang dazu liegt in der Intavolierung für Lauten- oder Tasteninstrumente unter Beibehaltung einer solistisch ausgeführten Führungsstimme[2] sowie in der aus der colla-parte-Praxis entwickelten Subsidiar-Praxis, die eine Führungsstimme vocaliter vorträgt und die übrigen Stimmen durch Instrumente ersetzt[3]. Wenn zum Instrumentalsatz nicht mehr mehrere Melodieinstrumente verwendet werden, sondern ihre Zusammenfassung mit einem Tasten- oder Lauteninstrument akkordisch vorgenommen wird, ist technisch das Problem der begleiteten Monodie gelöst[4].

Im folgenden Beispiel aus der Lautentabulatur von Adrian Denss (Köln 1594) werden zu dem, dem Originalsatz von Victoria entsprechenden Lautensatz der Sopran oder der Baß oder beide als Solostimmen gesungen. Dabei wird der gesamte Satz des Originals von der Laute übernommen, die gesungenen Stimmen werden also mitgespielt. Deutlich ist hier der Solovortrag einzelner Vokalstimmen zu dem instrumental zusammengefaßten originalen Vokalsatz.

---

[1] R. Haas, Aufführungspraxis. Potsdam 1931, S. 108 ff.; A. Schering, Zur Geschichte des begleiteten Sologesangs im 16. Jh., in: Zeitschr. d. Intern. Musikgesellsch. XIII, 1911/12, S. 190; ders., Niederländische Orgelmesse im Zeitalter des Josquin. Leipzig 1912.

[2] R. Haas, a. a. O., S. 131; D. Klöckner, Das Florilegium des A. Denss (1594). Köln 1970.

[3] In den Intermedi e concerti 1589 zur Hochzeit Ferdinands von Medici mit Christina von Toscana (Venezia 1591) wird A. Archileis Madrigal Dalle celesti sfere vorgetragen: Canto solo mit Leuto grosso, 2 Chittaroni, Malvezzis Madrigal: Io che l'onde raffreno: Canto solo mit Leuto, Chittarone, Arciviolata Lira, Emilio de Cavalieris Madrigal Godi turba: Canto Solo mit Chittarone, Malvezzis Madrigaletto Dolcissime Sirene: Canto Solo mit 6 Violen.

[4] R. Haas, Aufführungspraxis, S. 130 ff.; Fr. Corteccia bringt unterschiedliche Begleitungen zum Gesang einzelner Personen in seinem Intermedium zur Hochzeit des Cosimo de Medici und der Leonora von Toledo 1539: Aurora »con uno grave cimbalo con organetti et con varii registri«, Apollo Lyra, Silen Viola da gamba, Notte (cinque voci) »con quatro tromboni«. Zarlino (Ist. harm. 1558, Lib. II, 8, 9) behandelt den Sologesang mit Orgel bei mehrstimmigen Werken, ebenso Zacconi (Pratica di musica Lib. II, cap. 64). Vgl. in: Vierteljahrschr. f. Musikwiss. X, 1894, S. 553.

Adrian Denss, *Florilegium* (1594)
Tomas Luis da Victoria, Domine non sum dignus (Motecta 1583)

Die akkordische Dur-Moll-Ordnung und Kadenzierung ist schon in der Mitte des 16. Jahrhunderts theoretisch erfaßt[5]. Der Generalbaß ist damit vorbereitet. Orgelbässe zu mehrstimmigen Kompositionen wurden in der 2. Hälfte des 16. Jahrhunderts ausgeschrieben, z. B. zu Striggios Ecce beatam lucem 1587. Gegen Ende des Jahrhunderts liefern die Verleger fast allgemein eine Bassus-ad-organum-Stimme zu mehrstimmigen Werken, deren solistische Aufführung unter akkordischer Zusammenfassung einzelner Instrumentalstimmen damit erleichtert wird[6].

Fr. Bianciardi[7] oder Agostino Agazzari[8] haben die Praxis des *Basso per l'organo* bei ein- und mehrstimmigen Stücken entwickelt; zahlreiche Gene-

[5] Zarlino, Istitutioni harmoniche 1558, III, cap. 31 und 58; Hans Buchner, Fundamentum (C. Paesler, Das Fundamentbuch des Hans von Konstanz, in: Vierteljahrschrift f. Musikwiss. V, 1889; J. M. Schmidt, Johannes Bucher, Leben und Werk. Diss. Freiburg i. Br. 1957); Thomas de Sancta Maria, Libro llamado arte de tañer Fantasia aisi para Vihuela y todo instrumento ... Valladolid 1565.
[6] M. Schneider, Die Anfänge des Basso continuo und seiner Bezifferung. Leipzig 1918, S. 66.
[7] Breve regola per imparar'a sonare sopra il Basso con ogni sorte d'istrumento (nach Bianciardis Tod von Zucchi 1607 herausgegeben).
[8] Del suonare sopra il basso con tutti stromenti et uso loro nel conserto. Siena 1607.

ralbaßtraktate folgten[9]. In den verbreiteten *Dialoghi* ist die dramatische Gegenüberstellung deutlich[10], die (wie bei Agazzari in dem Dramma pastorale *Eumelio* 1606) zu einer Monodie und Chor verbindenden musikdramatischen Gestaltung führt oder zu dem flüssigen Gegeneinander des Dialogs. Ein spätes Beispiel von Marco Marazzoli (1619–1662) aus *La vita humana* (Rom 1656), 1. Akt, Szene 4, macht dieses Parlando mit chromatischen Wirkungen deutlich.

Die ausdrucksbestimmte Mehrstimmigkeit wurde der Ausgangspunkt der monodischen Concerti[11], die durch Viadana[12] eine erste Gestaltung gefunden haben, wenngleich sie nichts anderes als die Fixierung einer längst üblichen Aufführungspraxis der Motette darstellen.

[9] F. Arnold, The Art of Accompaniment from a Torough-Bass. London 1931.
[10] Th. Kroyer, Dialog und Echo in der alten Chormusik, in: Jahrbuch Peters XVI, 1909, S. 13; E. Schmitz, Zur Geschichte des italienischen Continuo-Madrigals im 17. Jh., in: Sammelbände d. Intern. Musikgesellsch. XI, 1909/10, S. 509.
[11] A. Adrio, Die Anfänge des geistlichen Konzerts. Berlin 1935.
[12] Cento Concerti ecclesiastici ... a 1—4 voci. Con il Basso continuo per sonar nell'organo. Nova inventione commoda per ogni sorte de Cantori e per gli Organisti. Venezia 1602.

Viadana, Tres pueri
Cento concerti ecclesiastici 1602

Vom Text bestimmt ist die Dreistimmigkeit (Tres pueri) wie die Ober-
stimmenbesetzung (pueri). Die strenge Anfangsimitation entspricht dem
polyphonen Satz, ebenso wie die skalische Bewegung und die deklamatorische Stimmverschiebung auf harmonischen Schwerpunkten. Die Themen-
anlage beruht auf der Deklamation. Die Grundlagen der Motettenstruktur
unter Hinzufügung eines harmonischen Generalbasses sind beibehalten. Eine
direkte Überführung der Motettenmanier in den generalbaßbegleiteten Sologesang ist deutlich.

Ebenso ist dies bei der durch Tonreperkussion zum Parlando aus der
Melodiebildung der Polyphonie führenden Solomelodik zu beobachten (S. 32).

Ausgeschriebene Generalbaß-Stimmen zu Motetten waren in der 2. Hälfte
des 16. Jahrhunderts allgemein geläufig. Kaspar Vincentius in Speyer hat
zu den großen Motettensammlungen, dem Magnum opus musicum von

Orlando di Lasso und dem Promptuarium von Schadaeus, Generalbaß-Stimmen geschrieben[13].

Ist bei Viadana die Melodik der Motette der Ausgang des monodischen Concerto, so wird auch das Parlando monodischer Deklamation damit verbunden und eine neue Thematik geschaffen, auch wenn die polyphone Struktur wie bei folgendem Beispiel A. Banchieris (aus Ecclesiastiche Sinfonie 1607) beibehalten wird.

[13] Bassus ad organum novo methodo dispositus studio et opera Gasparis Vincentii. Würzburg 1625 (Monatshefte f. Musikgesch. IV, 1872, S. 209).

In seinen Falsibordoni [14] hat Viadana eine chorische Parlando Deklamation nach alter Tradition entfaltet. Ebenso war in Madrigal und Chanson dieses Parlando vorgebildet.

Viadana verweist in seinen Cento concerti ecclesiastici 1602 auf seine monodische Kunst und ihre Grundlagen [15]. Aus ihrer Satztechnik, die nicht zuletzt auf die Textverständlichkeit gerichtet ist und durch den Text Ausdruckswirkungen erstrebt, wird in der Entwicklung eine monodische Ausdruckskunst gewonnen, die in den Concerti, den Solomotetten, Solomadrigalen, Kantaten und Oratorien bis zu einer monodischen Ausdrucksdramatisierung geführt werden und sich ebenso mit den in der Mehrstimmigkeit gewonnenen Affektsteigerungen wie mit den Bestrebungen der Florentiner Monodie treffen [16].

[14] Acht 5st. Falsibordoni herausg. v. Proske, in: Musica divina Tom. III, S. 48—66; ebda weitere Falsibordoni von J. A. Bernabei und C. de Zachariis.

[15] M. Schneider, Die Anfänge des Basso continuo und seiner Bezifferung. Leipzig 1918; S. 3 ff. Gregor Aichinger folgt in seinen Ausführungen zum Bassus generalis et continuus in usum organistarum in seinen Cantiones ecclesiasticae 3, 4, 5 voc. 1607 Viadanas Darstellung.

[16] A. Schering, Geschichte des Oratoriums. Leipzig 1911. Viadana verweist auf die Gründe, die ihn zur Komposition seiner Concerti veranlaßten. Unter ihnen nennt er die Vollständigkeit und Verständlichkeit des Wortes: ... gl'interrompimenti delle parole tall'hora in parte tacciute ed alle volte ancora con disconvenevoli interposizioni disposte, lequali rendevano la maniera del canto o imperfetta o noiosa odinetta e poco grata a quelli, che stavano ad udire: senza che vi era anco incommodo grandissimo de cantori in cantarle ... Ho procurato è tutto mio potere la dolcezza e gentilezza dell'arie in tutte le parti facendole cantar bene e seguentemente ... Mi son affaticato che le parole siano cosi ben disposte sotto alle note, che oltre al farle proferir bene e tutte con intiera e continuata sentenza possino essere chiaramente intese da gli uditori, pur che spiegatamente vengano proferite da i cantori.

34   Karl Gustav Fellerer

In der Polyphonie um Palestrina ist der dramatische Ausdruck in den
tonmalerischen Ausdruckszeichnungen, wie in G. M. Naninos Weihnachts-
motetten Hodie nobis coelorum rex oder Hodie Christus natus est, im besonderen in Surianos Turbapassion gesteigert worden.

Suriano, Matthäuspassion
(Passio, Rom 1619)

Felice Anerio[17], Giov. Francesco Anerio[18], Giovanni Maria Nanino[19]
und Giov. Bernardino Nanino[20] — um nur einige zu nennen — haben die
poetisierende Wortdeutung gefördert. Bernardino veröffentlichte 1610 Motetten für 1–5 Stimmen mit Generalbaß[21]. Giovanni Francesco Anerio hat in
seiner 6stimmigen Conversione di S. Paolo (1619) nicht nur Instrumente
obligat mit den Singstimmen verbunden, sondern auch 1stimmige Motetten
mit Generalbaß neben 2- und 3stimmigen oder seine Madrigale Diporti
musicali mit 1–4 Stimmen geschaffen. In seinem 5- bis 8stimmigen Teatro
armonico 1619 hat die Oratorienentwicklung eine wesentliche Grundlage
gefunden.

Wie die ausdrucksbestimmte Akzidentienverwendung des chromatischen
Madrigals sowie Diminutionsmelodik und parlandistische Deklamation den
Solosatz bestimmen, zeigt die Monodie *Quelle crudele* aus den *Diporti musi-
cali* des Giov. Francesco Anerio 1617.

[17] F. X. Haberl, Felice Anerio, in: Kirchenmus. Jahrb. 1903, S. 28.
[18] F. X. Haberl, Giov. Francesco Anerio, in: Kirchenmus. Jahrb. I, 1886, S. 51.
[19] Ca. 1545—1607. G. Radiciotti, G. M. Nanino, Vita e opere. Pesaro 1906; R. J. Schuler,
The Life and Liturgical Work of Giov. Maria Nanino (1545—1607). Diss. Minnesota
1963.
[20] Ca. 1560—1623. Bruder des Giovanni Maria. Der tonmalerisch charakterisierende Ausdruck zwingt zur Aufgabe der strengen Satzregeln, auch im mehrstimmigen Satz, wie in
dem Madrigal Animosa guerriera piccola zanzaretta (3. Buch fünfstimmiger Madrigale
1612) mit seinen schnellen Bewegungen.
[21] Seine Motetten legen die neuen Texte des Breviers zugrunde: ... iuxta novi breviarii
formam concinnata.

Canto solo over Tenore solo

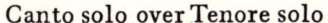

Quel - -la cru - de - -le per - fi-da in-gra-ta. C'hà il cor di fede-

-le Clo-ri spie - ta - -ta. C'hà nel bel vol-to in gi - - -

- - - ro ac- -col-to un ciel se-re- -no di bel-tà pie- -no

Se mi ve - de s'a- -di - ra, se mi ve - de s'a-

-di - ra, Mi stra-tia e mi fug - ge, mi stra-tia e mi fug - ge, mi

stra-tia e mi fug - ge, Mi tor - men - -ta e mi strug- -ge

Während auf der einen Seite der strenge kontrapunktische Stil zum Teil in neuer deklamatorisch-klanglicher Ordnung weitergeführt wird, wie bei Pietro Paolo Paciotti[22] u. v. a., hat sich in der 2. Hälfte des 16. Jahrhunderts die Geringstimmigkeit nicht nur in den traditionellen Volksformen der Villanelle[23] oder Canzona Napolitana[24] in Verbindung mit einer klaren Formbildung verbreitet, sondern ist auch in Werke, die vom Generalbaß begleitet werden, wie sie Fabio Costantini[25], Giovanni Battista Crivelli[26] u. v. a. veröffentlicht haben, gedrungen.

Domenico Massentios dreistimmige konzertante Motette Vidi speciosam (in F. Costantini Selectae cantiones 1616) bringt im imitatorischen polyphonen Einsatz der Stimmen ein in der Tonreperkussion deklamatorisches Thema, das tonmalerisch auf das Wort *columba* melismiert wird und bei *ascendentem* durch die Melodiebewegung nach oben den Wortausdruck nachzeichnen läßt. In der Imitationsfolge ist die alte Motettenmanier beibehalten; doch kennzeichnen Thematik und Klangwirkung eine neue Ausdruckshaltung.

Domenica Massentio (F. Costantini,
Selectae cantiones 1616)

[22] Motecta . . . a 5 voc. Lib. 1. Roma 1601.
[23] W. Scheer, Die Frühgeschichte der Villanelle. Diss. Köln 1936; F. Nicolini, La villanella napolitana, in: Riv. mus. It. LIV, 1952; H. Engel, Madrigal und Villanelle, in: Neuphilologische Monatsschrift XVII, 1929.
[24] W. Dürr, Die italienische Canzonette und das deutsche Lied im Ausgang des 16. Jh., in: Festschrift L. Bianchi, Bologna 1960; E. Gerson—Kiwi, Sulla genesi delle canzoni popolari nell cinquecento, in: In memoriam J. Handschin Straßburg 1962. L. Zacconi, Prattica di musica (1592) fol. 80v., Lib. cap. 72, 73.
[25] Selectae cantiones 2—4 voc. Rom 1616; Scelta di Motetti 2—5 voc. Rom 1618; Ghirlandetta amorosa, Arie, Madrigali e Sonetti 1—4 voc. Orvieto 1621; L'aurata cintia armonica Arie, Madrigali, Dialogi e Villanelle 1—4 voc. Orvieto 1622.
[26] Motetti concertati 2—5 voc. Venezia 1626; Madrigali concertati. Venezia 1626.

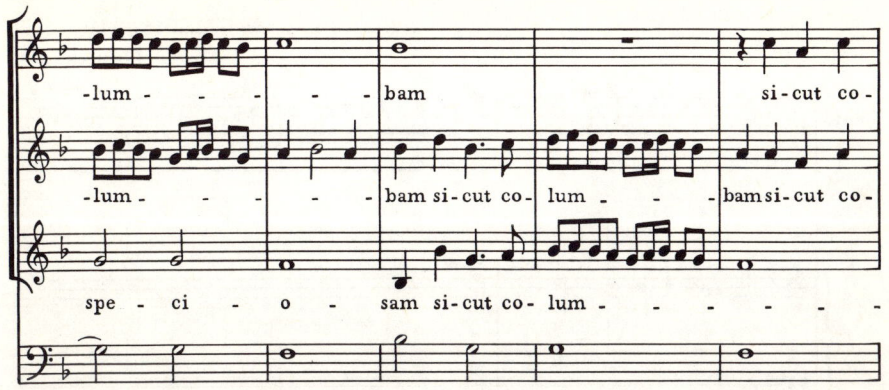

Die Verbindung neuer Deklamationsweisen mit polyphonen Satzstrukturen zeigt deutlich Luzzasco Luzzaschi[27], der einerseits Ausdrucksprinzipien
von Gesualdo in seinen fünfstimmigen Motetten (1598) und Madrigalen
(1576, 1582, 1594, 1595, 1604, 1613) aufnimmt, andererseits in seinen monodischen Madrigalen mit obligater Instrumentalbegleitung ähnlich wie in
obigem Beispiel von A. Denss den Madrigalsatz in die ausgeschriebene Cem-
balostimme legt. Die Oberstimme aber wird von einem Solosopran mitgesun-
gen und reich diminuiert.

[27] Madrigali per cantare et sonare a uno, e doi, e tre Soprani. Roma 1601.

Luzzasco Luzzaschi, Madrigali 1601 (S. 5)
Ch'io non t'ami cor mio

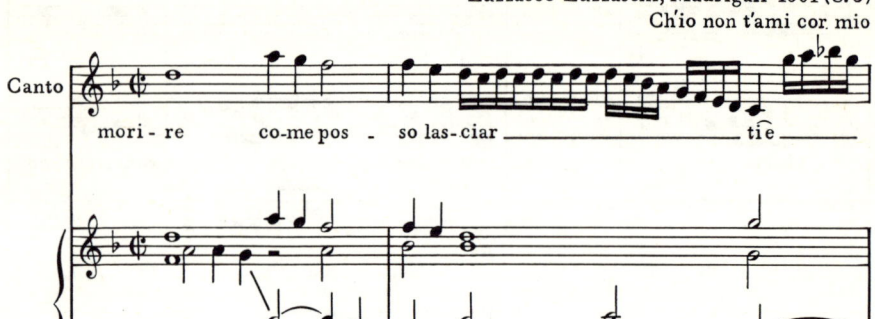

mori - re   co-me pos _ so las-ciar _____ tîe _____

non mo - ri - _____

- _____ re

Die ausdrucksvollen geistlichen Madrigaldichtungen wie die mehrfach komponierten *Pietosi affetti* (1609) von Angelo Grillo werden in zum Teil sentimentalen Ausdrucksmonodien von Serafino Patta[28], Radesca da Foggia[29] oder Ottavio Durante, dessen *Arie devote* 1608 sich Caccini anschließen[30], abgelöst. Einstimmige Motetten wie von Girolamo Marinoni[31], Leonardo Simonetto[32], Severo Bonini[33], Bartolomeo Barbarino Pesarino[34] u. a. folgen in den ersten drei Dezennien des 17. Jahrhunderts in großer Zahl.

In dieser abgeleiteten Monodie hat die Diminution aus ihrer ursprünglich strukturellen Bedeutung Ausdruckscharakter erlangt. Daher soll sie, wie Viadana ausführt, nicht mehr der Improvisation des Ausführenden überlassen bleiben, sondern nur in der Festlegung des Komponisten berücksichtigt werden[35].

[28] Motetti e Madrigali cavati dalle poesie sacre del R.P.D. Angelo Grillo, composti in musica per cantare solo nell'organo, Clavicordo, Chitarrone e d'altri istromenti. Venezia 1614.

[29] Canzonette ... per cantare et sonare con la spineta, chitarrone et altri simili stromenti. 1616.

[30] Vorrede: Devono primieramente i compositori considerar bene qualche hanno da comporre, sia motetto, madrigale o quasi si voglia altra cosa, e procurar di adornar con la musica le parole con quelli affetti, che gli si convengono, servendosi di toni appropriati, acciò con questo mezzo siano i lor concetti con più efficaccia introdotti negli animi delli ascoltanti, che facendo altrimente, coordinar fuga o altra compositione per accomodarmi poi le parole, verranno ed esser adornate et vestite di vesta impropria et aliena. Monteverdi hat in der Vorrede zu seinem, die neue Entwicklung kennzeichnenden 5. Madrigalbuch betont: L'orazione sia padrona dell'armonia e non serva.

[31] Motetti a una voce. Venezia 1614.

[32] Ghirlanda sacra scielta da diversi eccellentissimi compositori de varij Motetti a voce sola. Venezia 1625.

[33] Madrigali e Canzonette spirituali ... per cantare a una voce sola sopra il Chitarrone o Spinetta o altro stromento. Firenze 1607; Motetti a tre voci ... e concertare nel organo con ogni sorte di stromenti con 1 Dialogo. Venezia 1609; Il secondo libro de Madrigali e Motetti a una voce sola per cantare sopra Gravicembalo, Chittaroni et Organi con Passaggi e senza. Firenze 1609.

[34] Madrigali di diversi autori ... per cantare sopra il Chitarrone, Clavicembalo o altri stromenti da una voce con una Aria da cantarsi da due Tenori. Venezia 1606; Lib. 2 ... con un Dialogo di Anima e Caronte ... 1607; Lib. 3 ... con alcune Canzonette nel fine. 1610; Lib. 4 ... con un Dialogo fra Tirsi ed Aminta. 1614; Motetti da cantarsi da una voce sola o in Soprano o in Tenore. Venezia 1610, 1614; Canzonette a una e due voci con alcuni Sonetti da cantarsi da una voce sola nel Chitarrone o altro instrumento in Soprano overo in Tenore. Venezia 1616; Madrigali a tre voci da cantarsi nel chitarrone o Clavicembalo con il Basso continuo ... con alcuni Madrigali da cantar solo. Venezia 1617.

[35] ... questa sorte di concerti deve cantarsi gentilmente con discrettione e leggiadria, usando gli accenti con raggione ed i passaggi con misura ed a'suoi luoghi; Sovra tutto non aggiungendo alcuna cosa più di quello che in loro si ritrova stampato: Perciochè vi sono talhora certi cantati, iquali, perchè si trovano favoriti dalla natura d'un poco di gargante, mai cantano nella maniera che stanno i canti, non s'accordendo essi, che hoggidi questi tali non sono grati, anzi sono pochissimo stimati ...

In der Geschichte der Koloratur [36] zeigt sich allerdings, daß diese verständliche Forderung [37] in der Praxis wenig Beachtung fand und zu einer neuen nicht vom Ausdruck, sondern von der musikalischen Struktur bestimmten Virtuosität als Selbstzweck führte.

Severo Bonini hat im Titel seines 2. Madrigalbuchs 1609 auf die doppelte Bedeutung der *Passaggi* hingewiesen in der Formulierung: ... *con passaggi e senza.* Er steht im Banne der neuen Florentiner Kunst [38], auf die er auch im Titel seiner *Affetti spirituali* (Venezia 1615) verweist: ... *parte in istile di Firenze o recitativo per modo di Dialogo e parte in istile misto.* Die Koloratur tritt hier wie bei Caccini in der doppelten Bedeutung auf, wenn auch die Ausdruckskoloratur bestimmend, die ornamentale Koloratur nur am Abschnittende – dem Brauch der alten Diminution entsprechend – Verwendung findet [39]. Die melodische Gestalt der *Passaggi* aber greift auf die Diminutionsformeln zurück [40]. Ludovico Zacconi hat in seiner *Prattica di musica* Lib. 1, cap. 66 [41], eingehend *gorgia* [42] und *passaggi* [43] besprochen und die verschiedenen Umspielungsformeln dargestellt [44].

---

[36] H. Goldschmidt, Die Lehre von der vokalen Ornamentik. Charlottenburg 1907; ders., Verzierungen, Veränderungen und Passaggien im 16. und 17. Jahrhundert, in: Monatshefte für Musikgeschichte XXIII, 1891, S. 111; M. Kuhn, Die Verzierungskunst in der Gesangsmusik des 16. und 17. Jahrhunderts. Leipzig 1902; A. Beyschlag, Die Ornamentik der Musik. Leipzig 1908; R. Lach, Studien zur Entwicklungsgeschichte der ornamentalen Melopöie. Leipzig 1913; E. Ferand, Die Improvisation in der Musik. Zürich 1939.

[37] Die Frühmonodisten haben — koloriert und nicht koloriert — deutlich im Sinne von Caccinis nobile sprezzatura di canto unterschieden und unterschiedliche Aufzeichnungen gestaltet wie Monteverdi, der im Orfeo eine Szene sowohl unkoloriert als auch mit Verzierungen aufzeichnet. In Stefano Landis Morte d'Orfeo (1619) singt Charon ein dreiteiliges Lied mit aufgezeichneten Verzierungen.

[38] 1613 veröffentlichte er in Venedig das Lamento d'Arianna cavato dalla Tragedia del Signor Ottavio Rinuccini ... posto in musica in stile recitativo.

[39] Vincenzo Bonizzi, Alcune opere di diversi autori a diverse voci passeggiate principalmente per la Viola bastarda ma anco per ogni sorte di stromenti e di voci. Venezia 1626.

[40] K. G. Fellerer, Monodie und Diminutionsmodelle, in: Festschrift Jan Racek. Brünn 1965, S. 79—85.

[41] Prattica di musica utile et necessaria si al compositore per comporre i canti suoi regolatamente, si anco al cantore per assicurarsi in tutte le cose cantabili ... Venezia 1592.

[42] Fol. 58: ... Questi tali hanno tanta prontezza ed possanza di pronuntiar a tempo tanta quantità di figure con quella velocità pronuntiate: hanno fatto e fanno si vaghe le cantilene; che chi hora non le canta come loro a gli ascoltanti da poca sodisfattione e poco da cantori vien stimato. Questo modo di cantare e queste vaghezze dal volgo communemente vien chiamata gorgia: la qual poi non è altro che un aggregato e collettione di molte chrome e semichrome sotto qual si voglia particella di tempo colligate: Et è di tal natura, che per la velocità, in che si restrinono tante figure; molto meglio s'impara con l'udito che con gl'essempij: e questo perchè ne gl'essempij quella misura, et tempo non si può porre, in che le hanno a essere senza diffetto pronuntiate ...
La più bella et perfetta cosa che nel gorgheggiare si ricerca è il tempo e la misura, il

In der 2. Hälfte des 16. Jahrhunderts hat sich eine Affektbindung der Diminution durchgesetzt. Sie tritt in Zusammenhang mit der Vortragsweise[45]. Der agogische und dynamische Vortrag betrifft im besonderen die Gestaltung der Solostimme[46]. Damit sind zur musica scripta neue Ausdrucksmittel getreten, die seit der Mitte des 16. Jahrhunderts zunehmende Bedeutung erlangen.

quale tutto quel raccolto et aggregato di figure orna et condisce et chi fuori di questa misura et tempo le guida ò mena; ciochè con essa di bello semina, senza veruna gratitudine perde nel fine. Questo dunque è la più difficil cosa che nella gorgia sia; et questo ha più bisogno di diligenza et studio, che non ha il voler ridurre tante figure insieme, e però sempre serà più lodato quel cantore che con poca gorgia a tempo fatta, poco si lontana, che chi lontanandosi molto tardi o per tempo ariva ...

[43] ... Quei luochi poi ch'invitano i cantori a far fioretti, e passaggi sono le cadenze, le quali sono di una natura che chi non le fa bene; li toglie e guasta ogni bellezza e le rende all'orecchio nostre di difformità piene: ...

[44] Fol. 59—75.

[45] L. Zacconi behandelt im 1. Buch seiner Prattica di musica den Gesangsvortrag cap. 58—65 und die Erziehung zu einem ausdrucksvollen Vortrag. Schon Zarlino spricht in seinen Istitutioni harmoniche (Venezia 1573) von den effetti der Musik (Seconda parte: cap. 7—10).

[46] Giovanni Batt. Bovicelli, Regole, Passaggi di musica. Venezia 1594.

Die Selbständigkeit der Diminution im Sopran soll nicht durch das undiminuierte Mitspielen der Stimme in der instrumentalen Begleitung gestört werden[47]. Das Mitspielen der Einzelstimmen durch Melodieinstrumente stellt besondere Probleme in der Behandlung der Diminution, um den Solopart nicht zu stören[48]. Das gilt, wie Tomas a Sancta Maria ausführt, auch für Akkordinstrumente[49]. Die hier deutlich werdende Tendenz betrifft schon um die Mitte des 16. Jahrhunderts die Verselbständigung einer führenden Solostimme, der die anderen Stimmen untergeordnet werden, d. h. die Verlagerung der Auffassung des Schwerpunkts innerhalb mehrstimmiger Kompositionen. Schon Castiglione hat in Il Cortigiano die besondere Ausdrucksfähigkeit des begleiteten Solovortrags betont[50]. Sowohl die contrapunti osservati, d. h. die ausgeschriebenen Instrumentalbegleitungen zur Solostimme, als auch der festgelegte Basso continuo in der Art Viadanas steht gegenüber dem nicht mehr anerkannten contrapunto alla mente, d. h. der freien Improvisation[51]. A. Banchieri verweist für die neue Art des Basso continuo (*una nuova inventione che all'orecchio faccia effetto del*

---

[47] Diego Ortiz, Trattado de glosas ... Roma 1553 (Neudruck Kassel 1936): ... La segunda manera es el suprano glosado, y en esta manera de tañer mas gracia que el que tañe el cymbalo no taña el suprano. Nicola Vicentino, L'antica musica ridotta alla moderna pratica (Rom 1555), Lib. IV, cap. 42 (fol. 92): ... li stromenti i quali sonaranno la compositione giusta senza diminuire e come sarà notata. Perchè con la diminutione non si potrà perder l'armonia che lo stromento farà le consonanze nei suoi termini: ma quando il sonatore diminuerà la compositione e colui che canterà vorrà insieme diminuire la compositione, che si sonerà e che si canterà se ambo due diminueranno in un tempo non facendo un passaggio medesimo insieme, d'accordo non faranno buono accordo, ma quando faranno ben concertati faranno buono udire.

[48] Dazu gehört auch die vorsichtige Behandlung des Contrapunto alla mente. G. Zarlino, Istitutioni harmoniche 1552 (1573), Parte III, cap. 64; Ippolito Chamaterò di Negri, Li Introiti fondati sopra il canto fermo del basso ... 1574; Diego Ortiz behandelt in Trattado de glosas sobre clausulas y otros generos de puntos en la musica de violones 1553 die Baß-Umspielung. Vgl. auch A. Banchieri, Cartella musicale Terza impressione. Venezia 1614, S. 230.

[49] Libro llamado arte de tañer Fantasia, assi para tecla como para vihuela y todo instrumento en que se pudiere tañer a tres y a quatro vozes y a mas ... Valladolid 1565. A. Einstein, Zur deutschen Literatur für Viola da Gamba. Leipzig 1905.

[50] ... sopra tutto parmi gratissimo il cantare alla viola per recitare: il che tanto di venustà et efficacia aggiunge alle parole, che è gran meraviglia.

[51] ... contrapunti ... composti a richiesta di Lodovico Viadana non sieno degni di molta lode; Tutta via essendo questi composti con le buone & osservate regole musicali, si devono nominare contrapunti osservati & non alla mente, i quali non fanno quel sentire all'udito de gl'ascoltanti ... Adriano Banchieri, Cartella musicale nel canto figurato fermo et contrapunto. Venezia ³1614, S. 230.

contrapunto alla mente . . .) und seine Regeln auf deren Theoretiker, die ihn aus der abgeleiteten Monodie entwickeln[52].

Die Klangfarbe und Klanggestaltung wird zum besonderen Ausdrucksträger über die Tonart hinausgehend, und damit gewinnt der Sänger besondere Bedeutung[53]. Durch die Unterscheidung der Knaben- und Männerstimmen wird die Ausdruckswirkung differenziert, in der Virtuosität des Gesangsvortrags aber entsteht eine neue Wertung der Solisten[54].

Neben Knaben- und Männerstimmen traten die Kastraten[55] und Frauenstimmen[56] mit ihrer besonderen Ausdrucksfähigkeit.

III

Wie aus dem Motetten- und Madrigalsatz sich die abgeleitete Monodie entwickelte, so ist die Ausdrucksgestaltung dieser mehrstimmigen Musik für die Entwicklung einer dramatischen Kunst bedeutsam geworden. Sie läßt den Stilwandel des 16. Jahrhunderts auch außerhalb der Monodie deutlich hervortreten.

Für die Hochzeitsfeier Cosimos I. von Medici mit Leonora von Toledo 1539 entstand eine Festmusik zu dramatischen Aufzügen, die in der vokal-

[52] Ebda S. 214: Lodovico Viadana, Francesco Bianciardi & Agostino Agazzari soavissimi compositori de nostri tempi, hanno questi dottamente scritto il modo, che deve tenere l'organista in suonare rettamente sopra il Basso continuo seguente ò Barittono che dire lo vogliamo. In Deutschland ist Gregor Aichinger dieser Lehre gefolgt (Dillingen 1607).

[53] L. Zacconi, Prattica di musica 1592 fol. 82, cap. 75—79; H. Goldschmidt, Die italienische Gesangsmethode im 17. Jh. Breslau ²1892.

[54] Pietro della Valle, Della musica dell'età nostra 1640, in: G. B. Doni, Opere ed. Gori 1763, S. 258: Giovanni Luca . . . gran cantore di gorge e di passaggi, che andava alto alle stelle. An anderer Stelle spricht er von Lodovico Falsetto . . . cantava con giudizio, perchè avendo egli dolcissima voce di falsetto, ma non sapendo molto dell'arte, non usava quasi mai nè passaggi, nè altre grazie del cantare, che solo un bel mettere del voce, e un finir con grazia con quelle sue note lunghe, che per la dolcezza della sua voce piacevano assai.

[55] Pietro della Valle a. a. O.: Soprani, che sono il maggiore ornamento della musica . . . Chi canto mai in quei tempi come un Guidobaldo, un cavalier Loreto, un Gregorio . . . e tant'altri che potrei nominare?

[56] Berühmte Sängerinnen wie Margherita Cost und Francisca Cecca della Laguna waren nicht nur selbst Konkurrentinnen, sondern hatten auch ihre Anhängergruppen. Um einen Skandal zu vermeiden, erreichte die Fürstin Aldobrandini, daß die den beiden Sängerinnen zugedachten Rollen in Domenico Mazzocchis *La catena d'Adone* 1626 von zwei Kastraten gesungen wurden.

instrumentalen Aufführungspraxis der Madrigale bereits zu einem von Instrumenten begleiteten Sologesang kommt[1] (s. S. 42).

Der solistische Vortrag mehrstimmiger Kompositionen zu colla-parte-Lauten- oder Generalbaßausführung der anderen Stimmen war im 16. Jahrhundert allgemein geläufig: das *cantare in compagnia,* wie es Pietro della Valle nennt oder wie es Antonio Francesco Doni berichtet[2]. Die Kompositionsweise solcher dramatischer, meist pantomimisch auf der Bühne dargestellter Handlungen entsprach dem Madrigal in seinen verschiedenen Ausdrucksdifferenzierungen, wie die Intermedien 1494, 1515, 1582, 1589 in Verbindung mit den Tänzen zeigen[3].

Bei Luca Marenzio (1553–1599)[4] werden neue Ausdruckseffekte im besonderen in der Harmonik gewonnen, die in den Intermedien zu dramatischer Steigerung führen. In der Festmusik zur Vermählung Ferdinands von Medici mit Christine von Lothringen Florenz 1585 ist Malvezzis und Marenzios Madrigal-Dramatik deutlich hervorgetreten. Die dialogische Gegenüberstellung von Chören bringt klanglich-dramatische Effekte, tonmalerische Wirkungen wie in O *valoroso Dio* bei *cantando* werden ausgeschöpft.

[1] Die Komposition ist von Francesco Corteccia, Constanzo Festa, Matteo Rampolini, Joh. Petrus Masaconus, Baccio Moschini. Die 4—9stimmigen Stücke werden verschiedenartig chorisch und solistisch colla parte vorgetragen: . . . Vattene almo riposo a quattro cantata dall'Aurora et sonata con uno grave cimbalo con organetti et con varii registri . . . »Chi ne l'a tolt'oime« a sei voci cantata . . . da tre sirene et da tre marini, sonata con tre traverse et da tre Ninfe marine con tre liuti tutti insieme . . . »O begli anni del'oro« a quattro voci sonata . . . da Sileno con un violone sonando tuttè le parti et cantando il Soprano . . . S. o. Anm. 3, S. 28.

[2] G. B. Doni, Lyra Barberina, 2 Bde., ed. A. F. Gori und G. B. Passeri. Florenz 1763.

[3] Les Fêtes du Mariage de Ferdinand de Médicis et de Christine de Lorraine Florence 1589, ed. D. P. Walker, Etudes par F. Ghisi, D. P. Walker, J. Jacquot. Paris 1963.

[4] H. Engel, Luca Marenzio. Firenze 1956; ders., Marenzios Madrigale, in: Zeitschr. f. Musikwissenschaft XVII, 1935, S. 257; W. Dürr, Zum Verhältnis von Wort und Ton im Rhythmus des Cinquecento-Madrigals, in: Archiv für Musikwissenschaft XV, 1958, S. 89.

[5] Descrizione dell'apparato e degli intermedij fatti per la commedia rappresentata in Firenze . . . 1589.

Die Bindung bewegter Stimmen an eine ruhig fortschreitende Trag-Stimme, wie hier im Baß, verweist auf die alte Cantus-firmus-Praxis. Im folgenden Beispiel liegt diese Führungsstimme im Diskant und übernimmt die chromatische Reihe, während die übrigen Stimmen in großen Intervallbewegungen charakterisierend eine harmonische Begleitung einführen.

Marenzio, Lib. IX, Madrigali 5 v. 1599

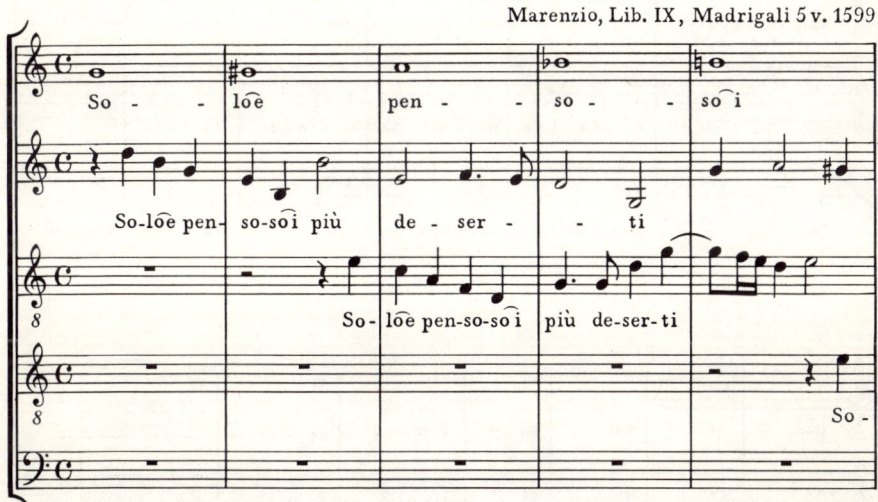

Ausdrucksmittel, die in der Monodie hervortreten, wie die Chromatik, sind hier bereits in der Mehrstimmigkeit bewährt. Sowohl in der Satzgestaltung wie bei Gesualdo als auch in der Melodieführung, wie dieses Beispiel zeigt, haben chromatische Fortschreitungen Bedeutung gewonnen.

Die Verselbständigung einer Führungsstimme gegenüber Begleitstimmen führt zur Grundstruktur der Monodie[6]. Doch ist die Ausdrucksgebung neben der äußeren Gestaltung für die neue Entwicklung maßgebend[7].

Gasparri Torelli, I fidi amanti,
Venzia 1600 Atto I, Scena III.

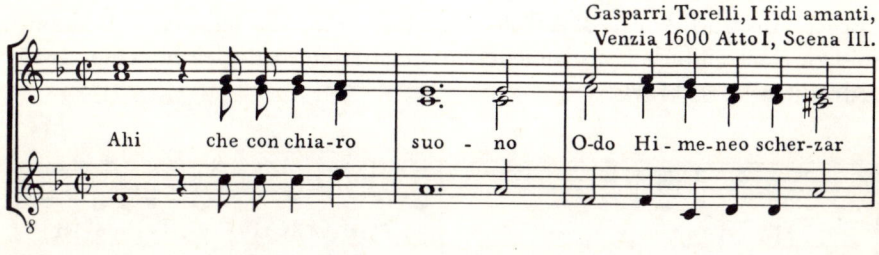

Die Bewegung bei *scherzar in liete danze* löst sich dem Ausdruck entsprechend von dem homophon deklamierenden Abschnitt. Der Text bestimmt den musikalischen Satz, der eigene Ausdruckswerte gewinnt. Die instrumentale Komposition hat hier einen wesentlichen Ausgangspunkt gewonnen.

Mögen in der vokal-instrumentalen Aufführungspraxis bereits monodische Wirkungen erreicht sein, so ist Marenzio zu früh gestorben, um noch die letzte Folgerung aus seinem musikdramatischen Streben zu ziehen.

Wie bei Marenzio ist bei Giovanni Gabrieli (1557–1612) die Vielfalt der Ausdrucksbestrebungen in der vokalen und instrumentalen, in der viel- und geringstimmigen, in der geistlichen und weltlichen mehrstimmigen Musik in einer vertieften Empfindungsgestaltung deutlich geworden[8]. In dieser Vielfalt des Ausdrucks übersteigt Gabrieli die Ausdrucksmöglichkeiten der Flo-

---

[6] In den volkstümlichen Formen wie Frottola, Villanella, Canzonetta ist die Diskantführung die Regel.

[7] Sie wird unterstützt durch äußere Erscheinungen, wie die »Augenmusik« zur realistischen Wortdarstellung: schwarze Noten bei entsprechenden Noten, Stimmkreuzungen etc. (A. Einstein, Augenmusik im Madrigal, in: Zeitschrift der Internationalen Musikgesellschaft XIV, 1912/13, S. 8) oder Dialog und Echobildungen (Th. Kroyer, Dialog und Echo in der alten Chormusik, in: Jahrbuch Peters XVI, 1909, S. 13).

[8] C. v. Winterfeld, Johannes Gabrieli und sein Zeitalter, 2 Bde., Berlin 1834; R. Wiesenthal, Giovanni Gabrieli. Diss. Jena 1954.

rentiner Monodisten im Satz- und Klangexperiment, das nun an Stelle der Satz- und Kanonexperimente des Josquin-Kreises getreten ist. Die dramatisch-deklamatorische und die virtuos-verzierte Monodie stehen in Ausdruck und Satztechnik noch weit hinter G. Gabrielis mehrstimmiger und monodischer Ausdruckskunst. Deutlich zeigt dies Gabrielis figuriertes Diskantsolo zu einer einfachen instrumentalen vierstimmigen Begleitung einer 1615 gedruckten Missa brevis.

Aus seinem polyphonen und polychoren Satz ist Gabrieli in seiner vokal-instrumentalen Besetzungs- und Aufführungspraxis bis zu monodischen Bildungen vorgestoßen, ebenso wie auch sein deutscher Schüler Heinrich Schütz.

Bestimmend aber ist die Ausdruckskraft seiner Kunst, die von sich aus die Mittel wählt und zu Orazio Vecchi (1551–1604)[9] und A. Banchieri (1568 bis 1634)[10] führt.

Nicht nur in seiner Madrigalkomödie Amfiparnaso (1594), die eine pantomimische Handlung mit madrigalisch komponierten dramatischen Chören begleitet[11], sondern auch in seinen Motetten ist O. Vecchis tonmalerisch

[9] J. C. Hol, Orazio Vecchi als weltlicher Komponist. Diss. Basel 1917; ders., O. Vecchi, in: Rivista musicale Italiana XXXVII, 1930; A. Lualdi O. Vecchi, precursore del melodramma. Modena 1950.

[10] E. Capaccioli, Precisazioni biografiche su A. Banchieri, in: Rivista musicale Italiana LVI, 1954, S. 340.

[11] G. Camillucci, L'Amfiparnaso, commedia harmonica, in: Riv. mus. It. LIII, 1951, S. 42; L. Ronga, Lettura storica dell'Amfiparnaso di O. Vecchi, in: Rassegna musicale XXIII, 1953.

dramatischer Ausdruck bestimmend. Wenn er bei *defecit spiritus meus* in der Motette Velocite exaudi me Hoketus-Bildungen bringt, wirkt eine ton-

malerische Ausdruckszeichnung auf die gesamte Satzstruktur, bei der die Terzenbindung ihre klangliche Bedeutung besitzt. In einer solchen tonmale-rischen Dramatik ist die Voraussetzung für die Madrigalkomödie gegeben.

O. Vecchi, L'Amfiparnaso, Comedia harmonica
2. Akt, 5. Szene

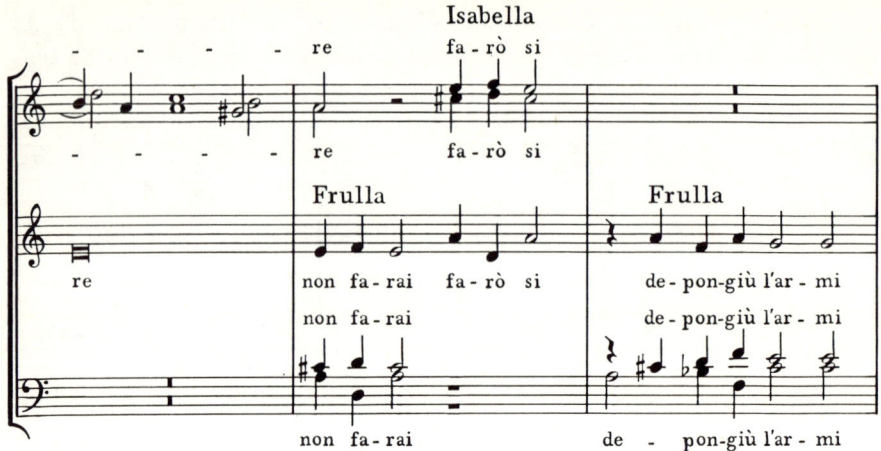

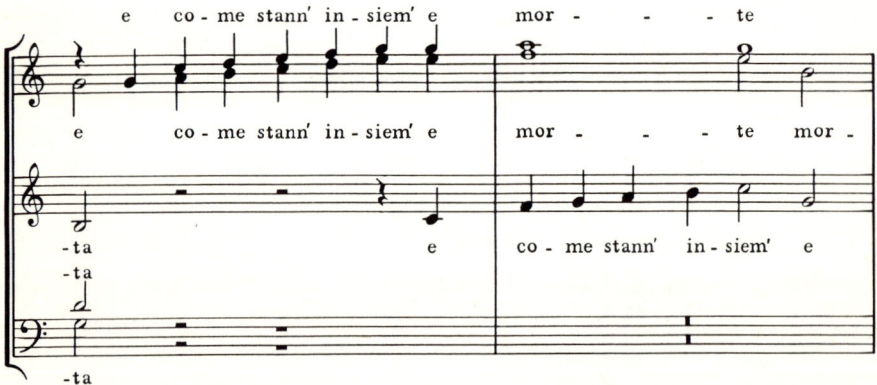

Der Dialog zwischen Isabella und dem Diener Lucios Frulla ist wie die gesamte Handlung in einem Chordialog gestaltet, der charakterisierend die Personen in Besetzung und Deklamation kennzeichnet. In dieser Weise ist die von zwölf Personen getragene Handlung, zu der noch die Judenszene kommt, musikalisch dargestellt. Verbunden mit dem komisch wirkenden Text, der die Typen der Komödie, den alten Pantalone, die Kurtisane Hortensia, den Dottore Gratiano, den spanischen Capitano Cardon mit den Liebespaaren und den Dienern handeln läßt.

Eine differenzierte Affektenkunst ist zu dramatischer Spannung entwickelt und hat in der Fünfstimmigkeit des Madrigals eine von der Musik bestimmte Dramatik geschaffen, die Adriano Banchieri gegenüber dem *Amfiparnaso* noch steigerte[12]. In der 1601 in Köln gedruckten *Pazza senile* findet er die musikalische Gestalt für seine burlesken Einfälle.

Durch die Zurückführung der Stimmenzahl auf die Dreistimmigkeit der Kanzonetten und Villanellen ist der Zusammenhang mit den Volksformen gekennzeichnet[13]. Wie bei dem fünfstimmigen Satz erfolgt die Personenkennzeichnung durch unterschiedliche Besetzungen, aber auch durch unterschiedlichen Vortrag. Ausdrücklich wird die dynamische Unterschiedlichkeit der Stimmgebung zur Darstellung der Personen angegeben[14]. Pantalone, Dottore Gratiano, der Diener Burattino, die Kurtisane Lauretta und das Paar Fulvio und Doralice gestalten die Handlung der Pazzia Senile, zu der noch ein Prolog und Intermedien treten. Während im *Ragionamento secondo* (Parte Prima) Burattino von zwei Tenören *forte*, Pantanole *Solo piano* dargestellt wird, wechselt am Ende der 2. Tenor zwischen den dialogisierenden Personen, die sich nur noch in der Dynamik *forte* und *piano* (Pantalone) unterscheiden.

[12] Er schafft auch generalbaßbegleitete Monodien und verwendet f und p als dynamische Ausdruckszeichen. In zahlreichen theoretischen Schriften seit 1591 hat er die neue Kunst und ihren Ausdruck behandelt. — Unter den fünfstimmigen madrigalisch-dramatischen Kompositionen Banchieris stehen Zabaione (1603), La Barca di Venezia per Padova (1605), Il Festino nella sera del giovedi grasso (1609).

[13] Hora prima di recreazione (1594), La pazzia senile (1598), Il studio dilettevole (1600), Il metamorfosi musicale (1601), Virtuoso ridotto (Prudenza giovanile/La saviezza giovanile) (1607, 1628), Tirsi, Filli e Clori (1614).

[14] Avertimenti. Primo avanti che si sia principio al cantare uno de'gli tre cantori si adosserà il carico di legere i titoli, argomenti & in somma tutto quello che sarà scritto avanti le cantilene & questo acciò gli audienti sappiano ciò che si canta. Secondo sarà bene quelli, che non l'hanno in pratica scorrere in una occhiata le parole di quei ragionamenti dove entrano Pantalone, Gratiano, Burattino & Lauretta, per esser lingue non molto Toscane. Per ultimo avertarsi in alcuni ragionamenti dove sarà P. & F. che vuol dire Piano & Forte, cioè cantare con mutatione di voce & questo acciò si conoschi la diversità dei parlanti.

Im Ragionamento IV (Dialog zwischen Gratiano und Pantalone) sind die Stimmen unterschiedlich zusammengefaßt, so daß keine Charakterisierung durch die Besetzung wie in anderen Fällen besteht. Der Baß (Pantalone) wird sowohl vom ersten wie vom zweiten Tenor gefolgt.

vù ben ba-sto - na - o   Dot - tor pian-ta-ce-dron   Dot - tor pian-ta-ce-

vù ben ba-sto - na - o   Dot - tor pian-ta-ce-dron   Dot - tor pian-ta-ce-

Gratiano

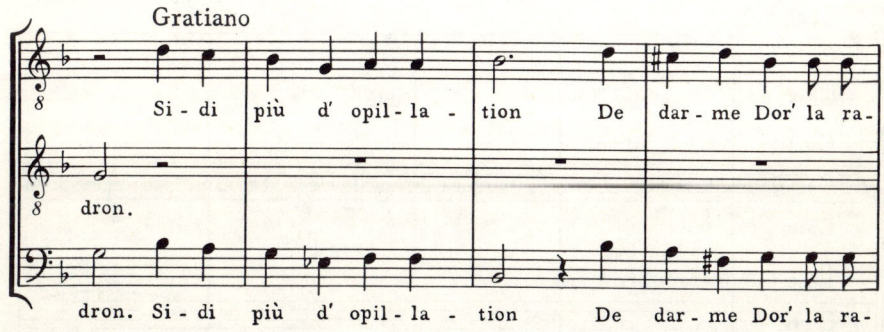

Si - di   più   d'opil-la - tion   De   dar - me Dor' la ra-

dron.

dron. Si - di   più   d'opil-la - tion   De   dar - me Dor' la ra-

Pantalone

-di - ce per mo - ier   Mo-ia   mo-ia mo - ia digo d'arzento e'l
                                                                    ravanello

Mo-ia   mo-ia mo - ia   di-go d'ar-zento e'l ravanello

-di - ce per mo - ier

Die Deklamation bestimmt mit der Melodik eine subjektive Ausdrucks-
dramatik. Diese wird auch in Orazio Vecchis Madrigalsammlung Le veglie

di Siena (1604)[15] deutlich. Entsprechend ihrem Ausdrucksgehalt bezeichnet er das Werk als *varij humori della musica moderna a 3, 4, 5, e 6 voci*. In der Widmung verweist er auf den Sinn des Werkes: inventione, c'ho volentieri interpresa per haver tuttavia occasione di variare & ischerzare in tutti i generi della musica.

Diese Lust an einem humorvollen Ausdruck der musikalischen Gestaltung wird in dem fünfstimmigen Madrigalwerk A. Banchieris *Festino nella sera del giovedì grasso avanti cena ... sotto novello stile hora dato in luce, Venezia 1608*, deutlich[16]. Der *Contrapunto bestiale alla mente*[17] zeigt die besondere Behandlung des musikalischen Satzes entsprechend einer realistisch-dramatischen Wortdarstellung.

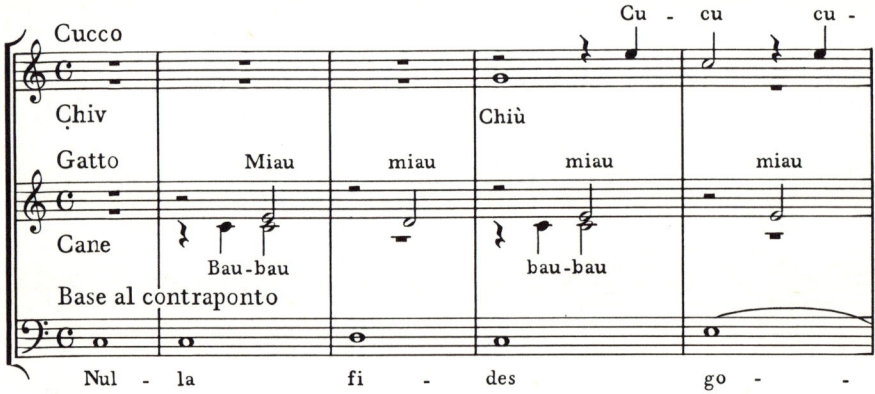

[15] J. C. Hol, Le veglie di Siena di O. Vecchi, in: Riv. mus. It. XLIII, 1939, S. 17; ders., O. Vecchis weltliche Werke. Straßburg 1943. Vorrede Ai lettori: ... Come meglio potrà il musico giovare che col grave e dilettare che col ridicolo? essendo il riso quasi sempre testimonio d'una certa hilarità che dentro si sente nell animo il quale di natura è tirato al piacere & appetisce il riposo e l'ricrearsi.

Dunque non paia meraviglia, s'io vado hor con le Selve hor co'i conviti, hor con le Comedie & ultimamente con le Veglie di Siena adhescando gli altrui gusti con l'hamo della varietà & con la rete dell'inventioni; schifando di non darmi tutto ad una forma sola, con la qual senza dubbio potrei piacere a pochi: E quello so per vera & indubitata prova, che chi vuole continuar sempre nella gravità la musica perde molto e di vaghezza e di varietà ...

[16] Vorrede: ... Io vero sono diletto, ma moderno, però sappi ò ricore che se l'autore (al quale per dittelo sono io) non ha volsuto osservare ad unguem cotesti tuoi scartafazzi pretende havere esequito ottimamente, vorresti pur con le tue soffestichezze & canillationi insinuar si gli compositori moderni che praticassero le tue anticaglie; mira il pittore, leggi il poeta, senti il musico, non si scorge nelle di loro moderne invenzioni un gusto troppo grande? ... in particolare nel compositore di musiche havend'egli per scopo il dilettare si come l'oratore il persuadere altrui ...

[17] Un cane, un cucco, un gatto e un chiù per spasso far contrappunto a mente sopra un basso. Cucco: cucu, Chiu overo Civetta: Chiù, Gatto: Miau, Cane: baubau.

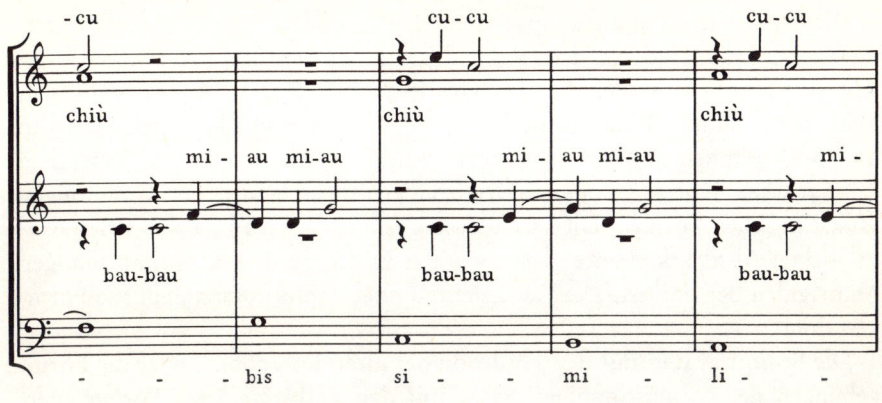

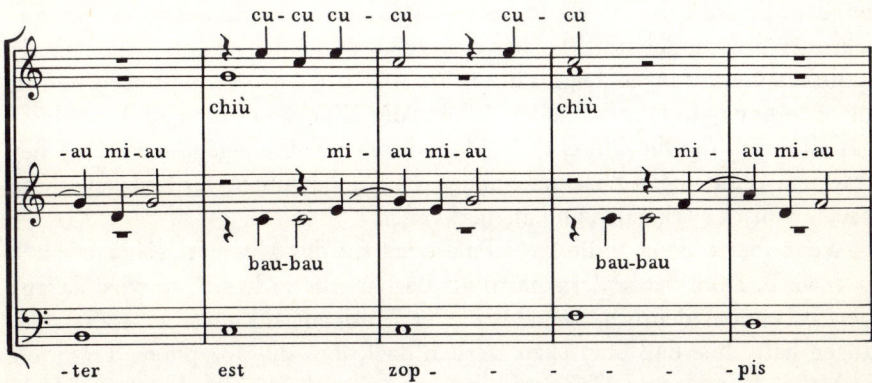

Der hier komische Ausdruck allein bestimmt die Gestalt des musikalischen Satzes und macht deutlich, wie die alten Satzregeln von der Einmaligkeit des Ausdrucks überwunden und frei gestaltet werden.

Der musikalische Ausdruck ist Träger einer Dramatik und Charakterisierung, wie sie schon in Alessandro Striggios (1535—1587) *Cicalamento delle donne al buccato*, Vinegia 1584 (4 e 7 voci), verwirklicht sind. In dieser frühen *commedia armonica* von 1567 ist die polyphone Imitation beherrschend, doch werden hervorgehobene Worte homophon zusammengefaßt. In den siebenstimmigen Sätzen tritt das dialogisierende Gespräch in verschiedenartigen homophon und imitatorisch geführten Klanggruppen hervor. Die Themen sind von einer klaren Deklamation des Wortes bestimmt. Die einzelnen Abschnitte sind deskriptiv charakterisierend gestaltet[18].

[18] Ähnliche Erscheinungen weist die französische Chansonkunst bei Jannequin, Costeley u. a. auf.

Die Ausdrucksdramatisierung ist in der 2. Hälfte des 16. Jahrhunderts in Motette und Madrigal bestimmend geworden und hat die Vielgestaltigkeit der Kompositionen, die sich von den alten Regeln lösen, begründet. Diese Bestrebungen finden nicht nur in den vielstimmigen kontrapunktischen und homophonen Werken ihre Verwirklichung, die zu den ausgesprochen dramatischen Kompositionen führt, sondern auch in den geringstimmigen volkstümlichen Formen. Die starre Formgestaltung wird hier durch den dramatischen Ausdruck ebenso gelöst wie das in den fünf- und mehrstimmigen Madrigalen der Fall ist. Die Kanzonette findet damit unterschiedliche Formgestalten.

Die Stilmittel sind mit der Tradition der alten Polyphonie oder die Formgebungen der geringstimmigen Sätze mit den volkstümlichen Formen verbunden. Deutlich ist bereits um die Mitte des 16. Jahrhunderts ein grundlegender Stilwandel sichtbar, der sich zunächst in den traditionellen musikalischen Gestaltungen zeigt. Hier führt er in der Aufführungspraxis und in ihrer Betonung des individuellen Affekts der Klanggestaltung zu Ausdrucksgestaltungen, die die Florentiner Monodisten als ihre eigene Erfindung betrachten, ohne diese Zusammenhänge und unbewußten Grundlagen ihrer neuen Kunst zu erkennen und anzuerkennen.

Wenn Pietro della Valle 1640 Palestrina für das Museum geeignet hält [19] oder G. B. Doni den Palestrinastil als Barbarei betrachtet [20], so wird daraus der Stilwandel deutlich, der sich in der Musikentwicklung um 1600 vollzogen hat, ohne daß übersehen werden darf, daß die polyphone Tradition in Messe, Motette und Madrigal bis in die Mitte des 17. Jahrhunderts lebendig bleibt, um dann als stile antico [21] allen neueren Stilentwicklungen zum Trotz bis in unsere Zeit weiter zu bestehen.

[19] ... ammiro anch'io quella famosa musica del Palestrina ... che fu cagione, che il Concilio di Trento non bandisse la musica dalle chiese, però queste cose si hanno ora in pregio, non per servirsene, ma per conservarle e tenerle riposte in un museo, come bellissime anticaglie.
[20] De praestantia musicae veteris Libri tres. Florentiae 1647, Lib. 1. Doni spricht von Kapsbergers Werken: in quibus etsi verba clarius paullo intelligentur quam in Praenestinis, propter homophoneseon (quas fugas vocant) propinquitatem, barbaraeque quaedam prolationes non tam frequenter audiuntur, aliquanto plus tamen suavitatis ammittunt, quam venustatis atque decoris acquirant. Nam si Donium nostrum audimus, tota haec modulandi ratio, quam symphiasticum ipse vocat, quae Palilogiis ac Polylogiis passim exuberat barbara prorsus plane que incondita censenda est, quaeque nullo modo repurgari possit, nisi ad vivum resecetur ...
[21] K. G. Fellerer, Der Palestrinastil und seine Bedeutung in der vokalen Kirchenmusik des 18. Jahrhunderts. Augsburg 1929 (Wiesbaden 1972).

IV

Seit der Mitte des 16. Jahrhunderts haben Polyphonie und Homophonie in Tonmalerei und Ausdrucksrealistik dramatische Gestaltungsmöglichkeiten gewonnen, die im Chordialog – sei es in Stimmgruppierungen oder in Mehrchörigkeit – verbunden mit Klangwirkungen deutlich werden und zu der dramatischen Form des Intermediums oder der Madrigalkomödie führen. Dabei findet die Kanzonetten-Dreistimmigkeit besondere Bedeutung.

Diese Entwicklung trifft sich mit einer schon im frühen 16. Jahrhundert auftretenden Aufführungspraxis, die im Chorsatz eine oder mehrere Stimmen solistisch vocaliter heraustreten läßt, während die anderen instrumentaliter nach Stimmen oder in akkordischer Zusammenfassung gebracht werden. Die Technik der Monodie ist damit gewonnen. Zu ihrer Dramatisierung tritt das vom Wort bestimmte Recitativ.

In der Florentiner Camerata[1] des Grafen Bardi[2] und später des Grafen Corsi ist die Vorstellung von der Musik im antiken Drama der Ausgangspunkt der neuen monodischen dramatischen Kunst. G. B. Doni (1513–1574)[3] stellt sie in Gegensatz zu Emilio del Cavalieris[4] musikdramatischen Darlegungen, die er als ersten Versuch einer Musikdramatik wertet[5], während er

[1] A. Solerti, Le origini del melodramma. Turin 1903; ders., Gli albori del melodramma, 3 Bde., Milano 1904/5; F. Fano, Istitutioni e monumenti dell'arte musicale Italiana IV, Milano 1934; N. Valle, Le origini del melodramma. Rom 1936; N. Pirrotta, Tragédie et comédie dans Camerata fiorentina, in: Musique et poésie au XVIe siècle. Paris 1954; ders., Temperaments and Tendencies in the Florentin Camerata, in: Musical Quarterly XL, 1954.

[2] H. Martin, La Camerata du Comte Bardi, in: Revue de musicologie XIII, 1932, S. 63, 152, 227.

[3] F. Vatielli, La Lyra Barberina di G. B. Doni. Pesaro 1909; G. B. Doni, Lyra Barberina, 2 Bde., hrsg. v. A. F. Gori und G. B. Passeri. Florenz 1763.

[4] G. B. Doni berichtet im 9. Kapitel seines Traktats Della musica scenica von den dramatischen Kompositionen E. del Cavalieris (Rappresentatione del anima e del corpo; Commedia 1588; Satiro): Conviene però sapere che quelle melodie sono molto differenti dalle odierne, che si fanno in istile, comunemente detto Recitativo, non essendo quelle altro che ariette con molti artificii, di ripetizioni, echi e simili, che non hanno che fare niente con la buona e vera musica teatrale della quale il Sig. Emilio non potè aver lumen per mancamento di quelle notizie, che si cavano dagli antichi scrittori. E ciò si conosce chiaramente da certe massime che egli mette avanti, le quali sono al tutte contrarie a quelle che richiede il Teatro.

[5] ... Questa dunque si può dire, che sia stata la prima età della musica teatrale, ... Ma notabile accrescimento fece poi con l'introduzione del suddetto stile recitativo; il quale è stato universalmente diletta più che la maniera madrigalesca per la gran perdita, che vi si fa del senso delle parole.

als die ersten bedeutenden Musiker des neuen stile recitativo Vincenzo Galilei [6], Giulio Caccini [7] und Giacomo Peri [8] erkennt.

Dieser *stile recitativo* wird von Doni als die einzige gültige musikalische
Gestalt des Ausdrucks betrachtet. Deshalb konnte er Luca Marenzio [9], bei
aller Anerkennung seiner kantablen Stimmführung, nicht als Vertreter der
neuen Kunst werten, ebensowenig wie er Cavalieris ariosen Stil im Sinne
der Camerata erfassen kann. Nur der stile recitativo erscheint ihm als Ausdruck der neuen Kunst, wenngleich das ariose Prinzip sich bei Caccini und
Peri, ebenso wie das recitativische bei Cavalieri findet.

Eine Bestätigung des Berichts Donis geben der Dichter der ersten monodischen Opern Ottavio Rinuccini [10] sowie die Komponisten Peri und Caccini
in den Vorreden zu ihrer Euridice [11] oder Marco da Gagliano in der Vorrede zu seiner Dafne (1608) [12]. Der dem Inhalt und der Gestalt der Rede
entsprechende Affekt, solistisch vorgetragen, ist zum allein gültigen Aus-

[6] ... animato il Galilei a tentare cose nuove e aiutato massimamente dal Sig. Giovanni
(Bardi), fu il primo a comporre melodie a una voce sola ... La cosa, senza fallo, piacque
assai in generale; sebbene non vi mancarono degli emoli che, punti da invidia, nel
principio se ne risero ...

[7] Era in quel tempo nella Camerata del Sig. Giovanni (Bardi), Giulio Caccini Romano,
di età giovanile, ma leggiadro cantore e spiritoso; il quale sentendosi inclinato a tal
sorte di musica, molto vi si affaticò, componendo e cantando molte cose al suono di un
instrumento solo ... egli sia stato i primo ad accorgersi di questo errore ed a conoscere
che l'arte del contrappunto non è capace a perfezionare un musico come quasi universalmente si tiene: confessando egli in un suo discorso di avere imparato più da i dotti
ragionamenti della Camerata di quel Signore, che in trent'anni spesi da lui nell'esercizio
di quest'arte ...

[8] ... nello stile recitativo fu concorrente ed emulo del Caccini, Jacopo Peri fiorentino,
ancora esso esperto compositore e cantore famoso, nell'istrumento di tasti allievo di
Cristofano Malvezzi, il quale vi diede parimente a coltivare questo stile e in esso
mirabilmente riuscì e ne riportò grandissima lode.

[9] ... Luca Marenzio, il quale è stato il primo nello stile madrigalesco a fare camminare le
parti con bell aria ...

[10] Widmungsbrief der Euridice an Maria von Medici, in: Solerti, Le origine del melodramma. Torino 1903, S. 40.

[11] Abgedruckt in: E. Vogel, Bibliothek der gedruckten weltlichen Vokalmusik Italiens.
1. Band. Berlin 1892, S. 123 f.

[12] Solerti, Le origine del Melodramma. Torino 1903, S. 76. S. 79: Ma dove la favola non
lo ricerca, lascisi del tutto ogni ornamento ... Procurisi in quella vece di scolpir le
sillabe per far bene intendere le parole e questo sia sempre il principal fine del cantore in
ogni occasione do canto, massimamente nel recitare e persuadasi pur ch'il vero diletto
cresca dalla intellicenza delle parole ... Gandolfi, Alcune considerazioni intorno alla
riforma melodrammatica (Atti della Academia ... di Firenze). Firenze 1896; E. Vogel,
a. a. O., S. 263 ff., S. Anm. 34, S. 39.

druck geworden, ohne daß der in der Mehrstimmigkeit schon viel weiterentwickelte Ausdruck in seiner Bedeutung gewertet worden wäre[13].

Während in der venezianischen Barockoper Cavallis und Cestis in der Mitte des 17. Jahrhunderts Charaktere und Situationen die Grundlage der musikalisch-dramatischen Gestalt geben, hat die Früh-Florentiner Oper noch in einer gewissen Stilisierung eine dramatisch darstellende Musik der Oper – den *stile rappresentativo* – geschaffen[14]. Eine bestimmte Vorstellung vom antiken Drama konnte der Humanistenkreis der Florentiner Camerata des Grafen Bardi entfalten und in ihr die Eigenart der Musik bilden. Die Tragödie Senecas ist gegenüber der attischen Tragödie in der Dichtung Rinuccinis wie in den theoretischen Auseinandersetzungen G. B. Donis[15] in den Vordergrund getreten, verbunden mit dem Gegensatz arkadischer Hirtenpoesie der *favola boschareccia*. Damit mußten Kontraste in der Musik hervortreten. Der reinen Chorkomposition, wie sie der Kapellmeister an S. Peter Virgilio Mazzocchi zur Aufführung der Trojanerinnen von Seneca im Hause des Kardinals Francesco Barberini schrieb, fehlte noch dieser Zwang zur stilistischen Differenzierung[16].

G. B. Doni hat den *stile recitativo* als Technik des Sologesangs und *stile rappresentativo* als eine dem dramatischen Vorgang angepaßte Affektdarstellung der Musik erfaßt[17]. Konnten Diminution und Passaggi sowie Wortwiederholungen nach der Praxis der Polyphonie im *stile recitativo* als Zugeständnis an die Sänger noch eine gewisse Berechtigung bewahren, so mußten sie im *stile rappresentativo* fehlen. Caccinis *Nuove musiche* wie seine *Euridice* machen diese Stildifferenzierung deutlich.

Doni fügt zum *stile recitativo* und *rappresentativo* noch den *stile narrativo*, der eine Erzählung in raschen syllabischen Noten, die nach Art des litur-

[13] G. B. Doni (De praestantia musicae veteris libri tres. Florentine 1647, S. 89) betont, daß der Ausdruck der Sprache entsprechend dem Redner in der bisherigen Musik fehle, ebenso Galilei (Dialogo della musica antica e della moderna. Florenz 1581) oder G. Mei (Della musica antica e moderna. Venezia 1602). Die große Ausdrucks- und Deklamationsentwicklung der Motetten- und Madrigalkomposition der 2. Hälfte des 16. Jahrhunderts fand kein Verständnis im Kreis der Camerata.

[14] Mit der Sprache entsprechenden Deklamation erfordert dieser stile rappresentativo die Darstellung des Wortes und seiner Ausdeutung und Steigerung, die die Voraussetzung für eine Darstellung der Handlungsdramatik bieten.

[15] G. B. Doni verweist auf Seneca. Die Grausamkeit der antiken Tragödie wird mit der arkadischen Hirtenschwärmerei der favola boschareccia verbunden: ... non debbiamo immaginarci, che i Pastori che s'introducono, siano di questi sordidi e volgari, che oggi guardano il bestiame; ma quelli del secolo antico, nel quale più nobili esercitavano quest'arte ... (Della musica scenica, cap. VI; Opp. II, S. 16).

[16] G. B. Doni, Opp. II, S. 203.

[17] G. B. Doni, De musica scenica (Opp. II, cap. 10, S. 28 ff.), ebenso M. Praetorius, Syntagma musicum III, S. 149.

gischen Recitativs oder der Falsibordoni öfters auf einem Ton liegen, bringt[18]. Peri, Caccini und Monteverdi lassen in dieser Art Daphne vom Tode Euridices erzählen, Marco da Gagliano die Flucht und Verwandlung der Daphne.

Peri, Euridice, Bericht der Daphne

Den Übergang zu diesen dramatischen Monodiegestalten zeigen Caccinis *Nuove musiche*. Wenn hier auch generalbaßbegleitete Solomonodien gegeben sind, so ist allein in der Bezeichnung der Arien und Madrigale die Herkunft gekennzeichnet. Die Arien sind Strophenlieder aus den Liedweisen und Kanzonetten geworden, die Madrigale durchkomponierte Gesänge – beide aber deklamatorisch vorgetragen. Recitativischer und arioser Vortrag verschmelzen z. T. ebenso wie Arie und Madrigal im Solo eines monotonen Pathos mit verschiedenen Ausdruckstypen. Caccini[19] schwebt eine nobile sprezzatura del canto vor, die freilich durch Deklamation und Misura (Takt) nicht voll zur Entfaltung kommt und die Koloratur und Figuren als Typenwendung im Zusammenhang mit Variationen einschaltet. Wie sehr er aber das Gesangliche in seiner Kunst betont, macht seine Komposition von Rinuccinis *Euridice* im Gegensatz zu der Peris[20] oder seiner favola in musica: *Il rapimento di Cefalo* (Nuove musiche) deutlich.

[18] G. B. Doni, a. a. O., Opp. II, S. 33 f. Als Beispiel nennt er Peris Erzählung der Dafne vom Tode Euridices in seiner Oper Euridice.

[19] S. Bonini, Discorsi e regole sopra la musica (Solerti, Le origine, S. 129): ... e prima dicon, che l'inventor primo sia stato Giulio Caccini detto Romano, piochè questo è stato il primo che abbia cantato a voce sola sopra li strumenti musicali in questo nuovo stile.

[20] Pietro Bardi, Lettera al Doni (Solerti, Le origine, S. 143): Il Peri aveva più scienza e trovato modo con poche corde e con altra esatta diligenza d'imitare il parlar famigliare acquistò gran fama, Giulio ebbe più leggiadria nelle sue invenzioni.

Die Koloratur hat sich in der *Nuove musiche* an den Teil- und Ganzschlüssen gegen die strenge Regel des *stile recitativo* erhalten, die Rezitation selbst liegt in einer ausdrucksvollen melodischen Linie.

Caccini, Nuove Musiche, Fortunato augelli

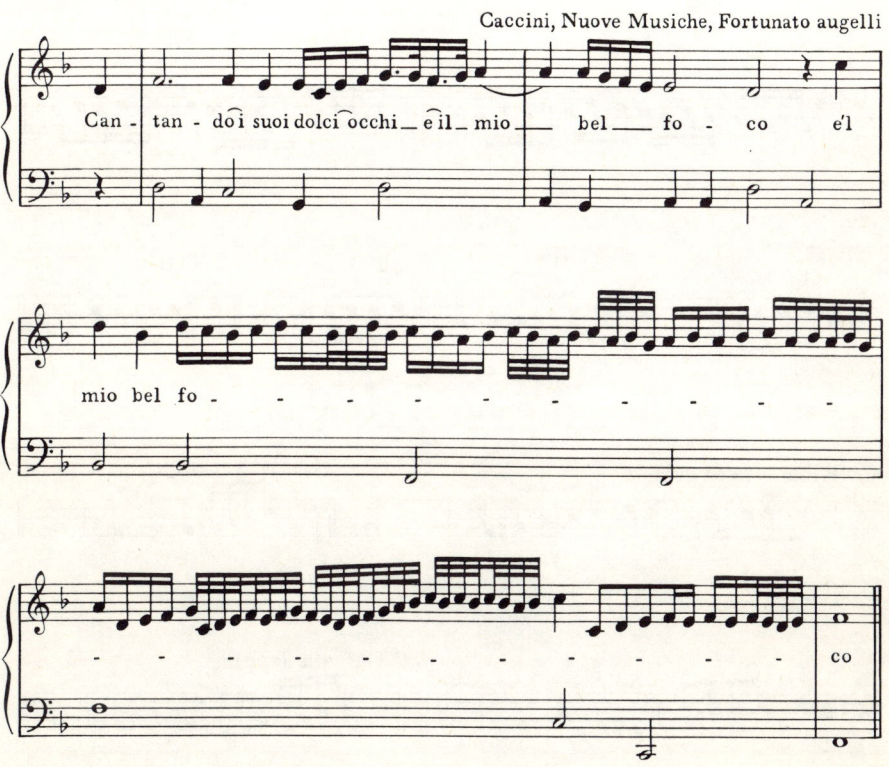

Als wesentliche Verzierungsformeln gibt G. Caccini in der Vorrede zu seinen *Nuove musiche* folgende an:

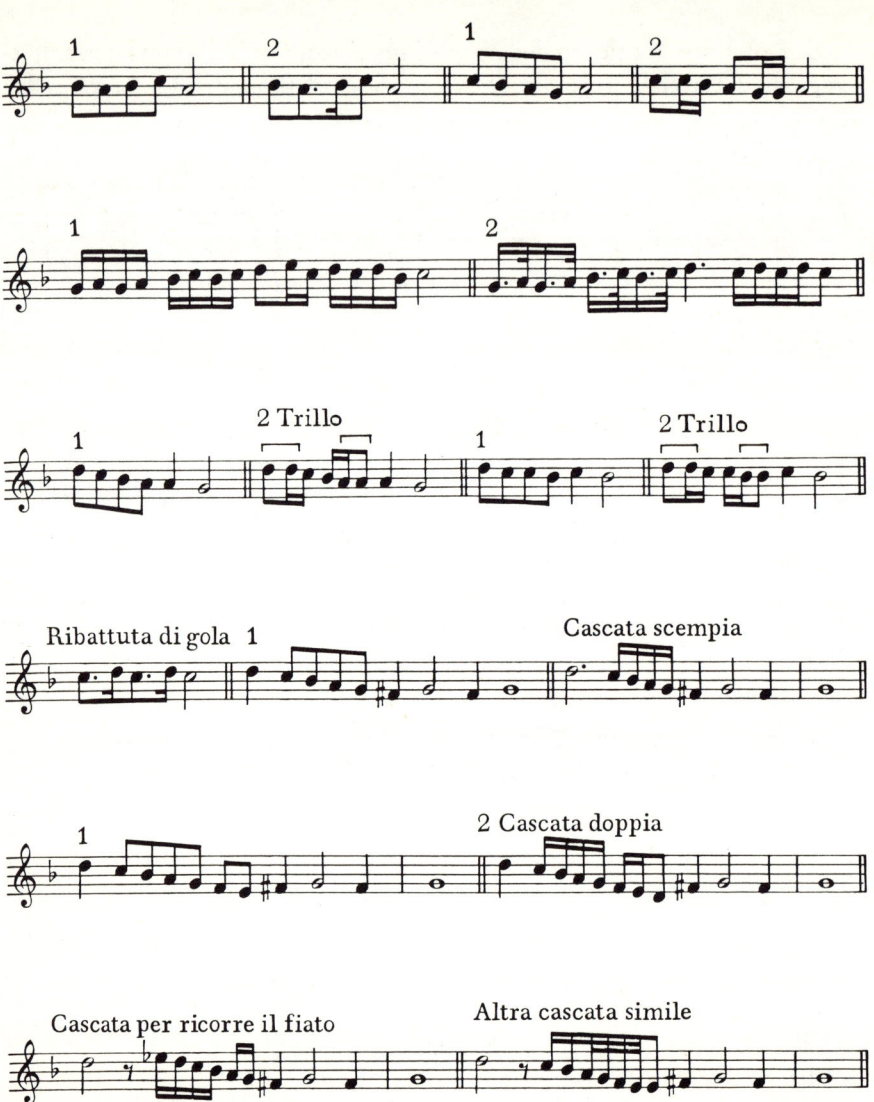

Dazu treten die esclamazioni > < über gedehnten Tönen (esclamazione affettuosa, esclamazione spiritosa = scemar di voce >, esclamazione più viva, esclamazione senza misura quasi favellando in armonia con la suddetta sprezzatura, esclamazione con misura più larga, esclamazione rinforzata).

Nicht mehr die technische Koloratur, die in ihrem melodischen Bestand auf die Diminution verweist, sondern eine melodische Ausdrucksgestaltung ist für die dramatische Monodie wesentlich geworden [21]. In *Amarilli* seiner *Nuove musiche* (1601) entfaltet G. Caccini die gleiche Ausdruckssteigerung

der Monodie, wie sie Monteverdi in seiner Ariadnenklage (1608) im dramatischen Ablauf gestaltet.

In *Selva morale e spirituale* (Venezia 1640) hat Monteverdi diese Komposition als Pianto della Madonna mit dem Text: *Iam moriar mi Filli* aufgenommen.

In der mit der Chromatik verbundenen Melodik und Deklamation sowie einer Verbindung von arioser und recitativischer Gestaltung entsteht die Ausdruckskraft einer neuen Tonsprache. Die strengen Intervallfolgen des Kontrapunkts werden durch wirkungsvolle Ausdrucksintervalle dem Text

---

[21] Vorrede zu Nuove Musiche: ... Ma ora veggendo andare attorno molto di esse lacere e guaste & in oltre malamente adoperarsi quei lunghi giri di voci semplici e dopi, cioè raddoppiate intrecciatè l'una nell'altra ritrovate da me per isfuggire quella antica maniera di passaggi, che già si costumarono, più propria per gli strumenti di fiato e di corde, che per le voci & altresì usarsi indifferentemente, il crescere e scemare della voce, l'esclamazioni, trilli e gruppi altri cotali ornamenti alla buona maniera di cantare... ...la musica altro non essere, che la favella e'l rithmo e il suono per ultimo e non per lo contrario à volere, che ella possa penetrare nell'altrui intelletto e fare quei mirabili che ammirano gli scrittori e che non potevano far si per il contrappunto nelle moderne musiche e particolarmente cantando un solo sopra qualcunque strumento di corde, che non se ne intendeva parola per la moltitudine de i passaggi, tanto nelle sillabe brevi quanto lunghe & in ogni qualità di musiche pur per di essi fussero dalla plebe esaltati e gridati per solenni cantori.

entsprechend ersetzt. Wesentlich ist aber nicht mehr allein die vom Komponisten gegebene Gestalt, sondern die individuelle solistische Vortragsweise des Sängers.

Die alte in ihrer Koloraturbewegung besonders wertvoll erscheinende Melodik wird in einer *sprezzatura del canto* von einer ganz anders geformten Melodik abgelöst [22].

Im Werk Caccinis hat sich dieser Übergang langsam vollzogen. So sehr in den *Nuove musiche* wie in *Euridice* die recitativischen Elemente und eine neue Ausdrucksmelodik hervorgetreten sind, so haben sich auch Reste einer alten chorischen und melodischen Gestaltung in seinen Kompositionen erhalten. In *Rapimento di Cefalo* [23] verweist das langatmige Melisma auf die alte Intermediengestaltung, wie sie in den Hofmusiken und bei den berühmten Sängern üblich war, ebenso die homophon-deklamatorische Behandlung der Chöre und ihre – wie Caccini berichtet – große Besetzung mit 57 Sängern.

In Emilio Cavalieris *Rappresentazione di anima e di corpo* (1600) haben geistliche Oper und Oratorium eine gemeinsame Gestalt gefunden. Auf der Grundlage des im Oratorio Filippo Neris gepflegten Motetten- und Dialog-Oratoriums [24], dem Giovanni Animuccia, Palestrina, Anerio, Nanino u. a. ihre Werke in einer Art Motetten-Lauda gegeben haben [25], ist eine Chor und Solo verbindende Kunst geworden, die in Rom um die Wende des 16./17. Jahrhunderts zu ähnlichen Lösungen eines Ausdrucksstils führt wie in Florenz. Die Dramatisierung des Wortes in differenzierten musikalischen Gestalten ist das Neue dieser Kunst. (Vgl. Beispiel S. 7.)

Während Viadanas Kirchenkonzerte zu einer technischen Umgestaltung der Motette zur Monodie führen, ist hier – wie schon der Name *Rappresentazione* sagt – eine neue Ausdrucksgestalt auf der Grundlage der Motette und Lauda in Verbindung mit der dramatischen Monodie entwickelt.

---

[22] ... mi vene pensiero introdurre una sorte di musica, per cui altri potesse quasi che in armonia favellare, usando in essa ... una certa nobile sprezzatura di canto, trapassando talora per alcune false, tenendo però la corda del basso ferma, eccetto che quando io me ne volea servire all'uso comune, co le parti di mezzo tocche dall'istrumento per esprimere qualche affetto, non essendo buone per altro; La onde dato principio in quei tempi à questi canti per una voce sola, parendo à me che havessero più forza per dilettare e muovere, che le più voci insieme, composi in quei tempi, i Madrigali ...

[23] Le nuove musiche, Firenze 1601, fol. 19 ff.

[24] Lettere inedite sulla musica di Pietro della Valle a G. B. Doni, in: Rivista musicale Italiana XII, 1905, S. 271 (280).

[25] A. Schering, Geschichte des Oratoriums. Leipzig 1911, S. 27 ff.

① Anime dannate
Una sola

E. del Cavalieri, Rappresentazione
di anima e di corpo Atto III, Scena II

② Quattro anime dannate

③ Intelletto

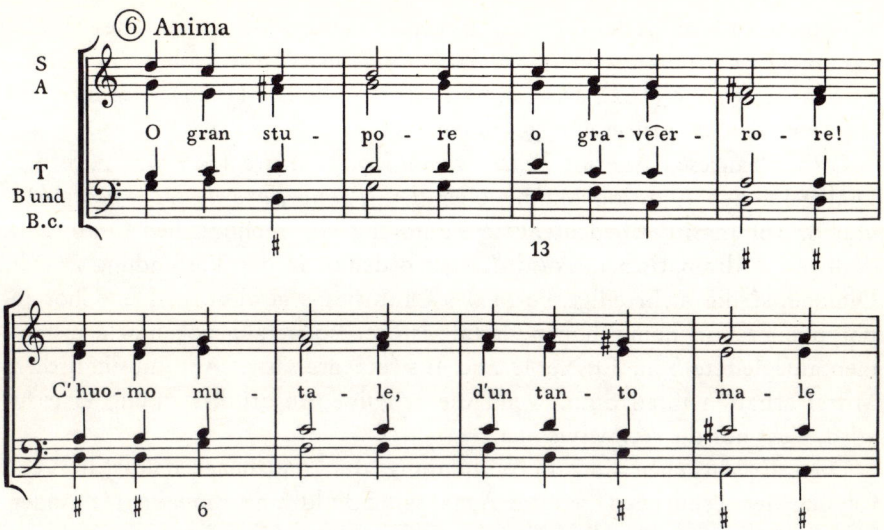

In dem vorstehenden Beispiel ist das Ausdrucks-Recitativ bei (1) deutlich, das bei (3) mit einer ariosen Melodienführung verbunden wird. Eine solche passeggierte Arioso-Melodie ist bei (4) gegeben, ebenso übernimmt der Chor bei (5) eine passeggierte Bewegung, während bei (2) eine parlandistische Chordeklamation und bei (6) ein homophoner Kanzonettensatz in klarer Formgliederung vorliegt. Cavalieri verwendet auch einfache Parlando-Deklamation im monodischen Recitativ ebenso wie Caccini in *Euridice* [letzter Akt].

Was schon in der *Commedia spirituale dell'anima* von Valerio da Bologna 1575 vorgebildet war [26], ist durch die Dichtung Laura Guidicconis [27] und die

---

[26] J. L. Klein, Geschichte des Dramas 1866, 1. Bd., S. 189.
[27] A. Solerti, Laura Guidiccioni Lucchesini ed Emilio del Cavalieri in Rivista musicale Italiana IX, 1902, S. 797.

Komposition Emilios del Cavalieri in neuem Ausdruck gestaltet. Diese Kunst hat im 17. Jahrhundert in Agazzaris[28] *Eumelio* 1606, Kapsbergers[29] *Apoteosi di S. Ignacio* (1622), Stefano Landis[30] *S. Alessio* (1634), Marazzolis[31] *Vita umana* u. a. Fortsetzung gefunden.

Giov. Francesco Anerios *Teatro armonico spirituale* 1619 war nach den Dialog-Lauden Agostino Mannis oder dem *Primo libro de sacri fiori* 1611 von B. Tommasi die bedeutendste Sammlung von monodischen Oratoriendialogen in dramatischem Ausdruck geworden[32]. In der Verbindung zweier Dialoge ist die mehrteilige Form des Oratoriums gewonnen. Der Chor in polyphoner und homophoner Gestalt ist ebenso herangezogen wie instrumentalbegleitete Soli, Ensemble und Instrumentalsätze. Alle musikalischen Mittel erhalten ihren Sinn, wenn die religiöse Ausdruckswirkung erreicht wird, nicht nur die recitativischen.

Diese Erfahrungen sind, in Verbindung alter und neuer Kunst, in Verfolgung der Tendenzen, wie sie Agazzaris Schuldrama *Eumelio* 1606 oder Marco da Gagliano[33] in *Dafne* 1607 zeigen, weitergeführt worden.

Während bei Peri und Caccini die musikalische Parlando-Deklamation als Ausdrucksträger entwickelt wurde, ist bei Marco da Gagliano, der 1602 mit fünfstimmigen Madrigalen hervorgetreten ist, die Bindung an die madri-

---

[28] In seinem Traktat Del suonare sopra il basso con tutti stromenti & uso loro nel conserto hat er die Grundlage seiner Kunst entwickelt.

[29] In seinen Intavolierungen, Arie passeggiate und dramatischen Kompositionen — seine Werke wurden zwischen 1604 und 1627 gedruckt — hat Kapsberger, trotz unterschiedlicher Beurteilung seines Werkes, eine bedeutsame Stellung in der Entwicklung der neuen Kunst eingenommen.

[30] H. Goldschmidt, Studien zur Geschichte der italienischen Oper. Leipzig 1901; G. Pavan, Il S. Alessio di St. Landi, in: Musica d'oggi III, 1921.

[31] Mit V. Mazzocchi schrieb er die komische Oper Chi soffre, speri 1639, mit Abbatini Dal mal il bene 1653.

[32] In der Vorrede zum Teatro armonico berichtet Horatio Griffi von der religiösen Aufgabe dieser Kunst, die nicht mehr allein von der musikalischen Technik, sondern vom Ausdruck bestimmt ist und daher ihre Wirkung auf den Menschen hat: ... la riforma de costumi di molti fedeli si può dir con verità haver sotto da voi in buona parte havuto principio ... Et per ottener voi tanto più facilmente il desiato intento, e per tirare con un dolce inganno i peccatori alli esercitii santi dell'Oratorio, v'introduceste la musica con procurar che si cantassero cose volgari e devote, acciò (all etate le genti del canto e dall'affettuose parole) tanto più si disponessero al prafitto spirituale. Ne fù vano il vostro pensiero poi che venendo alcuni talvolta all'Oratorio solo per la musica, restando poi inteneriti e presi da i sermoni, e da altri esercitii santi che vi si fanno, sono divenuti gran servi d'Iddio ... (E. Vogel, a. a. O., S. 18.)

[33] E. Vogel, Marco da Gagliano, in: Vierteljahresschrift für Musikwissenschaft V, 1889, S. 396, 509.

galischen Ausdrucksmittel deutlich. Seine Oper *Dafne*[34] wurde bei der Hochzeit Vincenzo Gonzagas mit der Infantin von Savoyen 1607 gleichzeitig mit der *Arianna* von Monteverdi aufgeführt. Damit sind die bedeutendsten Werke eines neuen dramatischen Ausdrucksstils zur Aufführung gekommen. Die Arianna ist leider verloren, nur die Ariadnen-Klage ist erhalten. In der voraufgehenden Oper Orfeo aber hat Monteverdi seine Ausdruckskraft bewährt, die unter Verwendung des *stile recitativo* und *rappresentativo* neue Verbindungen zur Ausdruckskunst des Madrigals und der Instrumentalmusik gewinnt.

In Monteverdis Orfeo hat sich der *stile recitativo* mit den um die Mitte des 16. Jahrhunderts bereits entwickelten Affektsteigerungen der Mehrstimmigkeit in 26 selbständigen Instrumentarstücken, Madrigalchören, chromatischen Melodie- und Harmoniebildungen, Kadenzierungen, Rhythmuswechseln, Melismenübernahmen und Affektdeklamationen verbunden. Was durch die Florentiner Monodisten bewußt von der allgemeinen Musikentwicklung getrennt wurde, ist in Monteverdis Orfeo als neue Ausdruckskunst wieder zusammengefügt und zur Grundlage einer Musik und Drama verbindenden »Oper« geworden. Ein Beispiel des dramatischen Recitativs und Chors aus dem 2. Akt der Oper macht dies deutlich.

Cl. Monteverdi
L'Orfeo, Venetia 1609

---

[34] Vorrede: ... dove la favola non lo ricerca, lascisi del tutto ogni ornamento; per non fare come quel pittore, che sapendo ben dipingnere il cipresso, lodipingneva per tutto. Procurisi in quella vece di scolpir le sillabe per far bene intendere le parole e questo sia sempre il principal fine del cantore in ogni occasione di canto, massimamente nel recitare e persuadasi pur ch'il vero diletto cresca dalla intellicenza delle parole... averticasi che gli strumenti che devono accompagnare le voci sole, sieno situati in luogo da vedere in viso i recitanti acciò meglio sentendosi vadano unitamente; procurirsi che l'armonia non sia troppa, nè poca, ma tale che reggia il canto senza impedire l'intendimento delle parole; il modo del sonare sia senza adornamenti, avendo riguardo di non ripercuotere la constanza cantate, ma quelle che più possono aiutarla, mantenendo sempre l'armonia viva... (E. Vogel, a. a. O., S. 216.) S. o. Anm. 12, S. 58.

Im Lamento seiner Oper *Arianna* 1608 ist die Ausdruckskraft des *stile rappresentativo* vielleicht am deutlichsten, gleichzeitig aber auch die Überwindung des Gegensatzes zwischen Monodie und Mehrstimmigkeit als Träger dieses Ausdrucks[35] und letzten Endes die Aufhebung des Gegensatzes zwischen weltlicher und geistlicher Kunst im Barock. Denn Monteverdi hat die solistische Ariadneklage der Oper nicht nur als fünfstimmiges Madrigal, sondern in seinen *Selva morale e spirituale* 1641 auch als *Pianto della Madonna* (Marienklage) veröffentlicht[36]. Eine Entwicklung, die in der 2. Hälfte des 16. Jahrhunderts in den mehrstimmigen und monodischen Formen auseinanderbrach, ist im gemeinsamen Ausdruckswollen einer in Wort, Deklamation und Klang bestimmten Dramatisierung wieder zusammengefügt.

Die Gegenüberstellung der monodischen und der madrigalischen Gestalt des *Lamento d'Arianna* macht die neue Ausdruckskunst, die ihre Gestaltungsmittel bedingt, deutlich. (Vgl. oben S. 63.) Der *stile concitato* bestimmt sein ganzes Werk[37].

<hr />

[35] Der Anteil arios-dramatischer Melodik gegenüber reiner Deklamation und Wortdarstellung wird immer größer. Die Musik selbst ist Ausdrucksträger geworden und schafft damit den tedio del recitativo. In Mazzocchis La catena d'Adone 1626 werden alle nichtrecitativischen Stücke (Arien und Chöre) als Arie zusammengefaßt: che rompono il tedio del recitativo. Ensemble und Chor gewinnen gegenüber den von den Florentinern geforderten — aber nur selten in vollkommener Reinheit durchgeführten — Parlando-Recitativen zunehmende Bedeutung.

[36] Das fünfstimmige Madrigal 1610 im Anschluß an die Monodie von 1608 erschien im 6. Madrigalbuch 1614, die geistliche Parodie, in: Selva morale e spirituale 1641. E. Vogel, Claudio Monteverdi, in: Vierteljahrsschrift für Musikwissenschaft III, 1887, S. 365, 403; P. Epstein, Dichtung und Musik in Monteverdis Lamento d'Arianna, in: Zeitschrift für Musikwissenschaft X, 1928, S. 216; H. F. Redlich, Claudio Monteverdi I, Berlin 1932, S. 134.

[37] W. Kreidler, M. Schütz und der stille concitato von Cl. Monteverdi. Diss. Bern 1934.

Vielleicht kennzeichnet dieses Beispiel am deutlichsten die Einheit des Ausdruckswollens mit unterschiedlichen Stilmitteln, gleichzeitig aber auch den Wandel des Ausdruckswollens und Ausdrucksgestaltens, der sich im 16. Jahrhundert vollzogen hat.

Wie sehr die Dramatik die musikalische Gestalt bestimmt und Recitativ, Arioso, Chor und Instrumentalstücke charakterisierend miteinander verbindet, zeigen die verschiedenen Opern Monteverdis [38].

Die Musik ist der führende Ausdrucksträger geworden. Sie hat dem Wort eine gesteigerte und individuelle Ausdrucksdarstellung gegeben.

Dieser Vorgang ist aber nicht erst mit der Monodie vollzogen, sondern zeigt sich bereits um die Mitte des 16. Jahrhunderts in den zahlreichen Ausdrucksgestalten der Mehrstimmigkeit [39]. Monteverdi läßt diese Ausdruckskraft in gleicher Weise wie in seinen monodischen Werken auch in seinem mehrstimmigen Madrigal sich entfalten [40]. Damit ist die Grundlage der Soli, Chor und Orchester, Vokal- und Instrumentalmusik umfassenden Affektenkunst, der Barockmusik des 17. Jahrhunderts, gewonnen. Wie stark die Wir-

[38] A. A. Abert, Cl. Monteverdi und das musikalische Drama, Lippstadt 1954; W. Osthoff, Das dramatische Spätwerk Monteverdis. Tutzing 1960.

[39] A. Einstein, The Italian Madrigal, Vol. II. Princeton 1949.

[40] In seinem 5. Madrigalbuch 1605 ist die neue Kunst nicht nur in der Heranziehung des Basso continuo bestimmend geworden, nachdem die vorausgehenden Madrigalbücher in Deklamation, Harmonik, Satz den Weg gekennzeichnet haben. Doch sind hier die Strukturprinzipien der Polyphonie die Grundlage des Ausdrucks, während seit dem 5. Madrigalbuch die Wort- und Affektauffassung der Monodie auch den mehrstimmigen Satz bestimmt.

kung der Affekt- und Stimmungsgestaltung dieser Kunst ist, machen Monteverdis Continuo-begleitete Madrigale deutlich [41].

Chor-Rezitation in klarer Wortverständlichkeit und Ausdruckscharakterisierung in dialogisierender Gegenüberstellung kennzeichnen in der Klangwirkung die neue Kunst.

Im Werk Marcos da Gagliano und Monteverdis ist der Stilwandel des 16. Jahrhunderts vollendet. Beide haben eine neue Ausdruckskunst geschaffen, die die Deklamationsbestrebungen der Florentiner mit dem Ausdrucksstil der Polyphonie verbindet und der Ausgangspunkt der Entwicklung der Musik des Barocks 17./18. Jahrhundert wurden.

Geronimo Giacobbi in Bologna hat sich in seiner verlorenen *favola in musica* Andromeda 1610 der neuen Kunst angeschlossen, sein Intermedium Aurora 1608 aber zeigt bereits in den Chören den vollen Verzicht auf Kontrapunkt und Madrigalgestalt. Sie sind homophon in dem jeweiligen Versmaß entsprechend der Humanistenode deklamiert und strophisch geformt. Ariose Partien und selbständige Instrumentalstücke fehlen gegenüber den beherrschenden Recitativen [42].

Ottavio Venizzi [43], Lorenzo Guidetti [44] festigten den neuen musikdramatischen Stil in Bologna.

Guilio Caccinis Tochter Francesca [45] wußte in der Ballett-Oper *La liberazione di Ruggiero* 1625 die musikalische Ausdruckskraft gegenüber dem Werk ihres Vaters zu steigern. Kontrapunktische Strukturen, in dem Sopran-

---

[41] Wenn auch manche seiner früheren Madrigale bereits eine Continuo-Begleitung vertragen hätten, so hat er erst seit dem 5. Madrigalbuch die Generalbaß-Stütze aufgenommen. Artusi (Imperfettione della musica moderna I, 1600, II, 1603) hat sich gegen Madrigale des 4. und 5. Madrigalbuchs Monteverdis gewandt und die Polemik gegenüber der Vorrede zum 5. Madrigalbuch und die Dichiarazione von Monteverdis Bruder Giulio Cesare in dem Discorso musicale und dem Discorso secondo musicale di Antonio Braccino da Todi fortgesetzt. Die Bezeichnung Concerti im 7. Madrigalbuch 1619 kennzeichnet Monteverdis neue Kunst, die im 8. Madrigalbuch 1638 durch die dramatischen Kompositionen ergänzt wird.

[42] Die Bezeichnung des Werkes als Dramatodia overo canti rappresentativi verdeutlicht den Sinn dieser Oper, die sich von nur musikalischen Ausdrucksgestalten freihält.

[43] Statira (Text von Silvio Branchi) 1617.

[44] Giuditta 1621.

[45] Francesca Caccini ne'Signorini Malaspina, genannt La Cecchina, war Schülerin ihres Vaters, sie komponierte und dichtete, war aber vor allem als Sängerin berühmt. G. B. Doni (De praestantia musicae veteris II, S. 57): ... si praeter bene canendi laudem, insignem quoque musicae peritiam ad rem quoque pertinere putas, Franciscam, paulo ante a me laudati Caccinii filiam. Pietro della Valle, Al Lelio Guidiccioni 1640: ... Francesca Caccini, figliola dall'nostro Romano, detta in Toscana la Cecchina, che in Firenze dove pure io in mia gioventù la sentii, e per la musica tanto in cantare, quanto in comporre e per la poesia non meno latina, che toscana è stata molti anni in grande ammirazione ...

duett *Aure volanti* sogar ein Kanon, strophische Arien, instrumentale Ritor-
nelle oder homophone Chöre bilden geschlossene musikalische Formen, die an
Stelle der fortlaufenden recitativischen Deklamation mit eigener Ausdrucksgebung treten.

Una delle Piante incantate (Partitur, S. 31)   Francesca Caccini

Die Melodisierung des Recitativs bedingt eine Vermengung von Recitativ
und Arie und darin eine Ausdruckssteigerung, die Chromatik und rhythmische Effekte heranzieht.

Francesca Caccini

Welchen Wandel in der Ausdrucksfähigkeit das Recitativ des 17. Jahrhunderts im Gegensatz zu seinen Anfängen in der 2. Hälfte des 16. Jahrhunderts gefunden hat, zeigt ein Vergleich mit der sich in der Nähe des
liturgischen Recitativs zeigenden Recitativbehandlung bei Alfonso della
Viola 1555 und dem die Strophen in Humanistenmanier abschließenden
homophonen Chor.

Alfonso della Viola, Il sacrificio,
Favola pastorale di Agostino Beccari da Ferrara 1555
(Ms. Florenz: 3. Akt, 3. Szene)

Coro

O Pan Li - ce - o, O Pan Li - ce - o

Die musikalischen Mittel verlieren ihre nur satztechnische Bedeutung und werden als subjektive Ausdrucksmittel gebraucht, die in der Dramatik nur der Charakterisierung dienen. In Francesca Caccinis *Ruggiero* ist die Syllabik vorherrschend, nur die Sirena wird durch Koloraturen charakterisiert. Strukturelle Endmelismen, wie sie noch bei Giulio Caccini im Anschluß an die Diminutionspraxis der Mehrstimmigkeit gegeben sind, meidet seine Tochter.

Wie die letzten Beispiele zeigten, ist um 1600 in Gestalt und Ausdruck eine in Theorie und Praxis neue Musik grundgelegt. Eine klare Entwicklung hat bereits seit dem frühen 16. Jahrhundert dorthin geführt. Sie hat in der Mitte des 16. Jahrhunderts die technischen wie die Ausdrucksprobleme in gleicher Weise in der traditionsgebundenen Mehrstimmigkeit wie in der abgeleiteten und Florentiner Monodie bereits gelöst. Der Stilwandel in der Musik des 16. Jahrhunderts hat seine lange Entwicklung.

Die subjektive Interpretation des Textes in der musikalischen Satzgestaltung wie ihrer klanglichen Realisierung kennzeichnet die neue Kunst ebenso wie die subjektive Rezeption der musikalisch-dramatischen Gestalten. Filippo Vitali (ca. 1600–1653) betont in der Vorrede zu seiner Oper L'Aretusa (1620) die Bildung der dramatischen Ausdruckskunst im Anschluß an die Florentiner Musikdramatik[46], während Vincenzo Giustiniani (1564 bis 1637) in seinem *Discorso sopra la musica de'suoi tempi* (1628)[47] ebenso das Neue dieser Kunst wie ihre seit der Mitte des Jahrhunderts erfolgte Entwick-

[46] Vorrede (abgedruckt in Solerti, Le origini del melodramma Torino 1903, S. 95): ... Non ha dubbio ancora che tutte le cose nuove grandemente piacciono agl'animi degli uomini i quali desiderosi per natura di sempre imparare par loro in quella non più udita imitazione di conseguirlo. Questa maniera dunque di cantare von ragione si può dir nuova, poiche nacque in Firenze, non ha molti anni dal nobil pensiero del Sig. Ottavio Rinuccini il quale essendo dalle muse unicamente amato e dotato di particolar talento nell'esprimere gli affetti, avrebbe voluto che il canto più tosto accrescere forza alle sue poesie ...

[47] Abgedruckt in A. Solerti, Le origini del melodramma. Torino 1903, S. 98.

lung erkennt[48]. Stehen bei ihm in der Mitte des 16. Jahrhunderts mehrstimmige und solistische Aufführungsweise nebeneinander, so hebt er um 1575 eine neue ausdrucksbestimmte solistische Ausdrucksweise hervor[49], die verschiedene Gestalten annimmt[50] und das erstrebt, was Gesualdo oder die Mehrchörigkeit in ihrer Ausdrucksgestaltung erreicht haben[51]. Im Gegensatz zu den Florentinern, die nur eine Ablehnung der Polyphonie gegenüber ihrem allein anerkannten *stile recitativo* kennen, sieht Giustiniani die Zusammenhänge im Ausdruck zwischen den polyphonen und monodischen Formen[52].

[48] Er berichtet von seiner eigenen musikalischen Schulung, die sich an die Kompositionen von Arcadelt, Lassus, Striggio, de Rore, de Monte-stimate per le migliore di quei tempi, anschloß. Gleichzeitig aber erlernte er das cantare con una voce sola sopra alcuno stromento ... il gusto delle Villanelle Napolitane ... Eine neue Kunst schloß sich dieser an: In poco progresso di tempo s'alterò il giusto della musica e comparver le composizioni di Luca Marenzio e di Ruggiero Giovanelli con invenzion di nuova diletto, tanto quelle da cantarsi a più voci, quanto ad una sola sopra alcuno stromento, l'eccellenza delle quali consistava in una nuova aria et grata al'orecchie con alcune fughe facili e senza straordinario artificio. E nell'istesso tempo il Palestrina, il Soriano e Gio. Maria Nanino composero cose da cantarsi in chiese con facilità di buon contrapunto e sodo con buon'aria e con decoro concedente ...

[49] L'anno santo del 1575, o poco dopo, si cominciò un modo di cantare molto diverso da quello di prima e così per alcuni anni seguenti massime nel modo di cantare con una voce sola sopra instrumento ...

[50] ... si cominciò in Roma a variar modo di componere a più voci sopra il libro e canto figurato et anche ad una o due al più voci sopra alcuno stromento ...

[51] ... tutti cantavano di bassi e tenore con larghezza di molto numero di voci e con modi e passaggi esquisiti e con affetto straordinario e talento particolare di far sentir bene le parole ... Neben den Sängern Giulio Romano, Giuseppino, Giovanni Domenico, Rasi, Giov. Luca (Conforti), Ottavio Durante, Simoncino u. a. nennt er die Komponisten Monteverdi, G. Bern. Nanino, Fel. Anerio-le quali senza uscire dal modo di comporre del Principe di Venosa Gesualdo, hanno attese a raddolcire e affacilitare lo stile e modo di componere ...

[52] ... Perchè avendo lasciato lo stile passato, che era assai rozzo e anche li soverchi passaggi von li quali si ornava attendono ora per lo più ad uno stile recitativo ornato di grazia ed ornamenti appropriati al concetto con qualche passaggio di tanto in tanto tirato con giudizio e spiccato e con appropriate e variate consonanze, dando segno del fine di ciascun periodo, nel che le compositori d'oggi di con le soverchie e frequentate cadenze sogliono arrecar noia; e sopra tutto con far bene entendere le parole, applicando ad ogni sillaba una nota or piano or forte or adagio or presto mostrando nel viso e nei gesti segno del concetto che si canta, ma con moderazione e non soyerchi. E si canta ad una o al più tre voci concertate con istrumenti ... e di più in questo stile si è introdotto a cantare ... con invenzioni nuove dell'arie e de gli ornamenti ...

V

Die Subjektivierung des musikalischen Ausdrucks im 16. Jahrhundert führt zur Ausbildung nationaler Musikentwicklungen in Europa. Italien und Frankreich[1] finden im 17. Jahrhundert ihre Sonderentwicklung, nachdem schon im 16. Jahrhundert Madrigal und Chanson ihren eigenen Ausdruck gefunden und dessen Gestalten auf die monodischen Formen übertragen haben. In der Berührung mit dem italienischen Humanismus haben die französische Musik und Musiktheorie[2] ihre wortgebundene *musique mesurée*[3] betont und die deskriptive Ausdrucksgestaltung, die in den Chansons[4] und ihrer späteren monodischen Form der *Air de cour*[5] eine eigene zunächst von direkten italienischen Bezügen freie Kunst Gestalt fand, entfaltet. Die 1570 gegründete *Académie de poésie et musique* forderte: *remettre en usage la musique selon sa perfection qui est de représenter la parole en chant accomply de son harmonie et mélodie.* Die mit klarer Wortdarstellung verbundene Ausdrucksgestaltung der Musik ist auch in Frankreich in der Mitte des 16. Jahrhunderts eine allgemeine Forderung, die sich in einer Verbindung von Vokal- und Instrumentalmusik wie in selbständigen instrumentalen

[1] Mersenne, Harmonie universelle. Paris 1636 (Ed. Lesure, Paris 1663), S. 356: Quant aux Italien, ils observent plusieurs choses dans leurs recits, dont les nostres sont privez, parce qu'ils représentent tant, qu'ils peuvent les passions avec une violence si estrange, que l'on jugeroit quasi, qu'ils sont touchez des mesmes affections qu'ils représentent en chantant; au lieu nos François si contentent de flatter l'oreille et qu'ils usent douceur perpetuelle dans leurs chants, ce qui en empêche l'énergie.

[2] E. Bernard, Méthode pour apprendre à chanter. Paris 1541; J. Yssandon, Traité de la musique pratique. Paris 1582.

[3] Pleiade (Baif). M. Mersenne, Questiones celeberrimae in Genesim. Paris 1623; D. P. Walker e F. Lesure, Cl. le Jeune and musique mersurée, in: Musica Disciplina IV, 1950; F. A. Yates, The French Academies of the Sixteenth Century (Studies of the Warburg Institut XV). London 1947.

[4] M. Tresch, Evolution de la Chanson français. Paris 1926; G. Reese and Th. Karp, Monophony in a Group of Renaissance-Chansonniers, in: Journal of the American Musicological Society V, 1952; V. L. Saulnier, D. Phinot et D. Lupi, Musiciens de Clement Marot et des Marotiques, in: Revue de musicologie XLIII, 1959, S. 61.

[5] A. Arnheim, Ein Beitrag zur Geschichte des einstimmigen weltlichen Kunstliedes in Frankreich im 17. Jh., in: Sammelbände der Intern. Musikgesellschaft X, 1908/09, S. 399. H. Prunieres, Le ballet de cour en France avant Benserade et Lully. Paris 1914; P. Warlock, The English Ayres. Oxford 1932.

Formen[6] und tonmalerischen Programmchansons[7] zeigt. Seit ca. 1550 wird in Form und Harmonik (Chroma) der italienische Einfluß bei Costeley[8] u. a. in einer gesteigerten Ausdrucksgestaltung deutlich. Sie tritt in einfacher Satzgestaltung in der 2. Hälfte des 16. Jahrhunderts bei Goudimel[9], Certon[10], Le Jeune[11], Mauduit[12], Du Caurroy[13] u. a. hervor. Wenn auch in anderen Gestaltungen und Entwicklungen, so ist auch in Frankreich um die Mitte des 16. Jahrhunderts der Stilwandel erfolgt, der sich in der Ausdrucksgebung ebenso im mehrstimmigen wie im einstimmigen Satz zeigt.

Die Entwicklung zu den monodischen Formen um 1600 ist eine in der Mitte des 16. Jahrhunderts im gesamten europäischen Musikleben auftretende Erscheinung. Ihre Wurzeln sind bereits im frühen 16. Jahrhundert deutlich.

Eine empirische Auseinandersetzung mit der Musik hat zu Beginn des 16. Jahrhunderts eine praktische Musiklehre und Ausdruckswertung geschaffen[14]. Wenn auch die Zahlenspekulation und kosmologische Vorstellungen noch über das 16. Jahrhundert zurückreichen, so wurde die Kompositionstechnik doch mit dem subjektiven Affekt zunehmend verbunden[15]. Tinctoris behandelt in seinem *Complexus effectuum musices* die Wirkung der Musik im Sinne der mittelalterlichen religiösen Musikanschauung. Über der Wirklichkeit klanglicher Ordnungen der musikalischen Struktur steht

---

[6] Attaingnant, Très brève et familière introduction pour entendre et apprendre ... luth, 1529; seit 1531 veröffentlichte Attaingnant zahlreiche Ausgaben mit Heranziehung von Tasteninstrumenten und Laute, Du Chemin brachte ähnliche Werke mit Instrumenten (»les plus convenables aux instruments«) seit 1550 heraus.

[7] Cl. Jannequin (1480 bis ca. 1560).

[8] K. J. Levy, Costeleys Chromatic Chanson, in: Annales musicologiques III, 1955, S. 213.

[9] E. McChesney Lawry, The Psalm Motets of Cl. Goudimel. Diss. New York (Columbia Univ.) 1954.

[10] F. Lesure, P. Attaingnant, Notes et documents, in: Musica Disciplina III, 1949, S. 33.

[11] D. P. Walker, et Lesure, Cl. le Jeune en musique mesurée, in: Musica Disciplina III, 1949, S. 151.

[12] P. M. Masson, J. Mauduit et les hymnes latines de L. Strozzi, in: Revue de musicologie VI, 1925, S. 6, 59.

[13] N. Dufourcq, A propos d'E. du Caurroy, in: Revue de musicologie XXXII, 1950.

[14] Harmoniae quidem dulcedine movet mens ad contemplationem gaudiorum supernorum quae septima pars est vitae melioris et hinc deficit a cogitatione terrenorum quae ad actionem vitae pertinens sollicitudinem ac turbationem inducit. Joh. Tinctoris, Complexus effectum musices (Coussemaker, Scriptorum de musica medii aevi nova series, Paris 1876, S. 197).

[15] De inventione et usu musicae (Ed. K. Weinmann). Regensburg 1917, S. 45 f.: ... quibuslibet affectus spiritus mei (occulta quadam familiaritate) ad letitiam quam simillime excitantur ... animus meus ad affectum pietatis assurgit: quaeque ad contemplationem gaudiorum supernorum: ardentissime cor meum inflammant. Quo mallem ea potius ad res sacras: et secreta animi solamina semper reservari quam ad res prophanas et publica festa interdum applicari.

die Wirkung der Musik. Die Deutung des Wortes wird in der musikalischen Rhetorik erfaßt, die Musik selbst aber besitzt ihre Ausdruckswerte nicht nur im kirchlichen, sondern auch im weltlichen Bereich.

Dem Weiterschleppen der mittelalterlichen Ethoslehre tritt bereits Tinctoris mit einer subjektiven Wertung der Musik entgegen[16]. Der alleinigen Bindung des Ausdrucks stellt er das *componere* (Satz), *pronunciare* (Vortrag), *sonare* (Klang) gegenüber. *Auditus* und *sensus* sind mit der geistigen Situation des Menschen verbunden, die eine subjektive Wirkung der Musik im Gegensatz zu der objektivierten Ethoslehre im Bereich des *modus* und *tonus* bedingt[17].

Wenn Tinctoris im Diffinitorium die Musik definiert: *Musica est modulandi peritia, cantu sonoque consistens,* so zielt er, in Überwindung der mathematischen Musikdefinition, auf die Musikstruktur in ihrer Wirklichkeit[18]. In ihr beruht die *natura musices* (Musiktheorie) ebenso wie der *effectus musices* (Musikästhetik).

Diese musikalische Wirklichkeit fordert eine kritische Stellungnahme in Sicht auf ein Ideal heraus und damit eine erzieherische Einstellung. Tinctoris nimmt eine Auseinandersetzung mit dem Werk voraus[19], die später bei Glarean vorwiegend von einer subjektiven Gefühlswertung bestimmt ist[20]. Die Kunst Josquins ist für ihn die höchste Erfüllung der Kunst, der in seiner Gegenwart eine weichliche und zügellose Neuerungssucht folgt[21]. Wie Tinctoris die einfache erfundene Melodie und den polyphonen Satz *(res facta)* unterscheidet, so hat Glarean das Melodie-Satzproblem in der Gegenüberstellung von Phonascus und Symphoneta verdeutlicht. Bezeichnend ist, daß für Tinctoris der kunstvolle mehrstimmige Satz den größeren Wert darstellt, Glarean dagegen die Erfindung der Melodie der erlernbaren Kunst des Satzes gleichordnet, wenn nicht höher bewertet.

In der Unterscheidung von Phonascus und Symphoneta[22] kennzeichnet Glarean den Unterschied von Einstimmigkeit und Mehrstimmigkeit. Er wirft die Frage auf, ob die Erfindung einer Kernmelodie oder eines um sie

---

[16] Liber de natura et proprietate tonorum (Coussemaker, SS IV, S. 1):
[17] Bereits Hermannus Contractus (Musica ed. W. Brambach. Leipzig 1884, S. 20 f.) verweist auf die ethisch-psychologische Ausdeutung des Charakters der Tonarten.
[18] Diffinitorium (Prolog) (Coussemaker, SS IV, S. 177); Complexus effectuum musices (Coussemaker, SS IV, S. 191); Complexus viginti effectuum (Coussemaker, SS IV, S. 195); Liber de natura et proprietate tonorum (ebda IV, S. 16).
[19] Er stellt in subjektiver Beobachtung errores (a. a. O., S. 17) und abusus fest und behandelt Werke von Ockeghem, Binchois, Dufay, Busnois u. a.
[20] Dodecachordon. Basel 1547; Z. B. De Symphonetarum ingenio, S. 441 ff.
[21] Dodecachordon S. 243, 302, 441; III, cap. 15 (S. 280), cap. 22 (S. 346).
[22] Dodecachordon. Basilea 1547, S. 174: De praestantia Phonasci ac Symphonetae, ac item de cantibus plano et mensurali uter utri praeferendus, caput XXXVIII.

gelegten musikalischen Satzes wertvoller sei[23]. Dabei ist wesentlich, daß die Melodie den Menschen innerlich berührt und damit sich seinem Gedächtnis einprägt. Andererseits schafft der Symphoneta zum *cantus prius factus* weitere Stimmen, die ihn durch verschiedene musikalische Strukturen erweitern[24], aber auch deuten können[25]. Diese Art des Satzes wie die Erfindung der Kernmelodie erscheint als schöpferische Fähigkeit – weniger als ein erlernbares Können[26]. Die Ausdrucksgebung[27] im Gegensatz zu einer Strukturordnung macht sie daher wertvoller, erfordert aber auch Rücksichtnahme

[23] . . . apud nostrae aetatis homines, utrum plus laudis mereatur, thematis ne inventio, an vocum aliquot accessus, hoc est, ut rudes intelligant: utrum pluris faciundum, si quis tenorem naturalem invenire queat, qui omnium mente is afficiat qui hominis animo insideat, qui denique ita haereat memoriae nostrae, ut saepe ne cogitantibus quidem nobis subrepat; in quem perinde atque e somno experrecti prorumpamus, quod de pluribus tenoribus vulgo videmus, an si quis ad repertum eiusmodi, ut dixi, tenorum addat treis, plureisve voces, quae tanquam illustrent eum sectionibus, fugis, mutationibus, modi, temporis ac prolationes, ut prioris generis homines Phonascos appellemus, sequentis Symphonetas, quas voces non poenitendi autores usurparunt (S. 174).

[24] . . . Qui primus invenit Tenorem Te Deum laudamus, aut alium quempiam, ut Pange lingua, sit ne ingenio praeferendus ei, qui postea integram ed eum missam composuerit. Primum quidem, ut non nihil praefemur, inficias ire non possumus, utrique id viribus ingenii accidere et naturali quadem ac ingenita virtute, magis quam arte. Cuius rei causa videtur, quod plaerunque etiam qui musica nesciunt, in tenoribus inveniendis mirum in modum valeant, ut apparet in lingua vulgari nostra, vel celtica vel germanica. Rursus quod in addendis vocibus qui valent et ipsi plaerunque male musica didicerint, ut nihil de aliis dicam disciplinis. . . . Caeterum ne hoc quidem negari potest, in eundem hominem utrunque incidere posse, ut et feliciter tenores inveniat ac inventis alias superaddat voceis, ubi duplex sane est virtus, sed nos de praestantia in duobus hisce disserimus (S. 175).

[25] . . . Non est igitur dubium, quin ut unum plura antecedit, ita una voce, quam pluribus canere sit multo antiquius. Porro quando musica est delectationis mater, utilius multo existimo quod ad plurium delectationem pertinet, quam quod ad paucorum. Unius autem vocis insignis ac nobilis Tenor et verbis aptis prolatus apud homines, plureis oblectat, doctos pariter ac indoctos. Artificium enim illud quatuor pluriumve vocum quotus quisque est, etiam inter eximie doctos, qui vere intelligat (S. 175).

[26] Quod autem symphonetae phonascis concedant, nostra hac tempestate et ante aliquot item annos luculenter vidimus, quando nulla est fere hodie missa, quae non ex antiquo themate quopiam sit deprompta. Ita Fortuna, ita, homo armatus et lingua cum gallica tum germanica multa themata, plura vero ex choro, ubi simplex est cantus. Ideoque facile in eorum sententiam pedibus iero, qui Phonascos eximios neutiquam inferiores Symphonetis existimant, imo volens illorum castra transfuga reliquero, qui Gregorianum cantum contemnunt, eam tantum ob causam, quod non tot formis ornatus sit, nec tot habeat garritus, quot mensuralis, cum in eo, qui primi quidem Phonasci inclaruerunt non minus ingenii ostenderint, quam quisque hac nostra aetate Symphonetes in multarum vocum congerie (S. 175).

[27] . . . Verum qui modorum naturam ignorant, ut ferme nostra aetate cantores, nec vim cantus iudicant, nisi ex consonantiis, relictis affectibus ac neglecta vera eius gratia, vituperant quod ignorant (S. 176).

auf die Wortgestaltung[28]. Solo- und Chorvortrag setzen die rhythmische Behandlung der Silbenlängen des Wortes voraus[29].

So sehr Tinctoris noch an der Verbindung von Mathematik und Musik[30] und an einem objektivierenden Ethos musikalischen Ausdrucks festhält – eine subjektive Gefühlsdeutung der Musik ist bei Glarean bereits angekündigt. G. Zarlino[31] betont ebenfalls: *Musica è scienza, che considera i numeri et le proportioni*, macht jedoch eine Wertung der Affekte der Musik deutlich[32], wobei er bei den Niederländern Augenmusik und Hörerlebnis *(sentimento del vedere e non à quello dell'udito)* unterscheidet. Schon Tinctoris hat eine empirische Erkenntnis im Anschluß an Aristoteles im Übergang von der ratio als noetischer Berechnung zum sensus als ästhetischer subjektiver Wertung erfaßt. Im Hörerlebnis *(auditus)* erfolgt die dem musikalischen Werk zugrunde liegende Empfindung[33].

Konsonanz[34] und Dissonanz[35] werden als Erlebnis erfaßt, nicht mehr als noetisch-mathematische Zahlenberechnung. Das Ohr ist für das Musikerlebnis[36], für ein affektbestimmtes Musikerlebnis bestimmend. Daher werden die Klänge in ästhetisch-psychologischen Empfindungen gewertet. Für seine sinnliche Wertung kann er sich auf Aristoxenos[37] und Aristoteles[38] beziehen.

---

[28] ... Tenorem quempiam invenire queat, qui auribus dulciter, verbis apte iunctis insonet, mentique insideat ac in audientis animo aculeos reliquat, in quo naturae vis expressa videatur, denique in quem animus hominis aliquando, velut e somno experrectus prorumpat ...

[29] Ego Tenorem requiro, quem unus vel solus secum personet, vel aliis accinet, vel quem multi simul, sed unum intonent, quemadmodum in choro sacri Hymni et Salmi adsolent. Praeterea eum requiro, qui brevibus longisque syllabis sua det tempora, quod in choro hodie mirum cur non observetur, olim, utputo, non neglectum, unde adhuc puto esse, ut non nunquam unilongae syllabae plures datae fuerint notulae, quanquam posteri hoc ita deinde neglexerunt, ut brevibus pariter ac longis promiscue plureis dederint notulas ... (S. 179).

[30] ... ob defectum arithmeticae, sine qua nullus in ipsa musica praeclarus evadit, contingere non dubito. Proportionale (Coussemaker, SS IV, S. 154).

[31] Istitutioni harmoniche. Venetia 1557, I, cap. 5; I, 12; I, 4. Dimostrationi harmoniche. Venetia 1565 I, cap. 4.

[32] Istitutioni harmoniche II, cap. 7.

[33] Et si meae aures vim recte sentiendi habeant, confiteor eam per se positam plus discordantiae quam concordantiae auditui inferre. (Coussemaker, SS IV, S. 114.)

[34] Coussemaker, SS IV, S. 78, 81, 112, 119, 127, 146.

[35] Ebda, S. 81, 120, 134, 146.

[36] R. Schäfke, Geschichte der Musikästhetik, Berlin 1934, S. 242.

[37] ... ad istas 22 concordantias me restrinxi, quas aevi praesentis compositores cantoresque priscis multo praestantiores more Aristoxeni aurium iudicio comprobatas, in usum assumpserunt ... (Coussemaker, SS IV, S. 79.)

[38] Naturalis delectatio ... praeter intentionem musicae quam Aristoteles naturalem in se delectationem continere affirmat, animus eruditi auditoris in dolorem collabatur. (Coussemaker, SS IV, S. 144.)

Die Vielfalt der Empfindungen bedingt eine Vielheit von »effetti«, die wiederum unterschiedliche musikalische Gestalten voraussetzen[39].

Über den sinnlichen Gehörseindruck ist eine geistige Struktur der Musik in der Gestaltung des Wortes gesetzt. Die *musica facta* hat ihre besondere Bedeutung in der *musica sonans*[40].

Als Tonmalereien läßt bereits Tinctoris auch Wiederholungen von Tonfolgen gelten[41]. Die Ausdrucksbedingung der verschiedenen musikalischen Mittel ist am Ende des 16. Jahrhunderts allgemein. L. Zacconi hebt sie für jede Komposition und ihren Vortrag hervor.

Er widmet ein eigenes Kapitel der Art und Zahl der *buoni effetti* der Musik[42]. Die Wirkung der Musik auf den Menschen und zum Lobe Gottes ist Zweck ihrer Ausdrucksgestalten[43].

---

[39] In omni contrapuncto varietas accuratissime exquirenda est ... Quemadmodum enim in arte dicendi varietas ... auditorem maxime delectat, ita et in musica concentuum diversitas animam auditorum vehementer in oblectamentum provocat, hinc et philosophus (Aristoteles) in ethicis varietatem iocundissimam rem esse naturamque humanam eius indigentem asserere non dubitavit. (Coussemaker, SS IV, S. 152.)

[40] Sunt autem et aliqui (quamvis ràrissimi) non solum super tenorem verum etiam super quamlibet aliam partem reifactae concinentes talisque contrapunctus plurimum artis et usus requirit; hinc si dulciter ac scientifice fiat tanto est laudabilior quanto difficilior. (Coussemaker, SS IV, S. 134.)

[41] ... redictas evitare debemus ... tamen sonum campanarum aut tubarum imitando ubique tollerantur ... Redicta nihil aliud est quam unius aut plurium coniunctionum continua repetitio. (Coussemaker, SS IV, S. 150.)

[42] L. Zacconi, Prattica di musica. Venezia 1592; Lib. 1, cap. 7, f. 5 v. — 1. c. S. 6: ... infra gli effetti consolatrici dell'anima si pongano quelli della Musica; perche gli effetti Musicali ponno rilevare l'anima nostra nelle afflittioni in volta, et la ponno ritrare da quella melancolia intrinseca, che travagliandola l'affigge: per essere i Musicali effetti sostanze spirituali di corruttibil aere composti, che tanto sono quanto durano & tanto durano quanto sono; che ben si vede l'harmonia, che esce dalle modulationi et cantilene: non esser altro, che un dolce et soave aere dolcemente percosso, il quale per le percussioni delle ordinate et ben disposte voci, lo percuotano con dolcezza tale, che il senso dell'udito nostro si compiace tanto, et tanto si diletta: che mentre l'ode, si intento l'ascolta, che toglie a gli altri sensi non solo di sentire, ma anco di ricordarsi d'alcun male.

[43] Zacconi, a. a. O., Lib. 1, cap. 7, S. 6: ... E però la Musica infra i varii et infiniti effetti suoi suole disporre gli animi humani alle humane et divine laude; alle contemplationi celeste et heroiche; a gli acuti et affettuosi sensi delle sensate, et ben disposte sentenze et infinite altre cose particulare, che non si possano in cosi poche parole comprendere et descrivere: Che gli animi humani per mezzo della Musica si disponghino alle divine laude: lo vediamo, che molti lodano volontieri Iddio et meditano con dolcezza le parole et i sensi ...

Die Ordnungen der Melodie und Harmonie dienen mit der Klangwirkung dieser geistigen Haltung[44]. Daher ist die Musik für den Gehörseindruck und dessen psychologische Wertung bestimmend und nicht allein ein nach satztechnischen Regeln geformtes Gebilde[45].

Die Melodie ist als Ausdrucksmittel in den Vordergrund getreten. G. B. Doni hat in seinem *Compendio* 1645 einen *Discorso sopra la perfettione delle melodie* aufgenommen[46] und hier, ebenso wie in seiner *modus*-Behandlung[47], den Ausdruckswert in der Musik der Gegenwart aus Vorstellungen der antiken Musik entwickelt. In dieser von humanistischen Vorstellungen bestimmten Wertung unterscheidet er in der Mehrstimmigkeit die großen und die dem neuen Ausdruck zustrebenden einfachen Formen[48] im Gegensatz zur Einstimmigkeit[49]. Hier liegt für ihn der Übergang zu den monodischen Ausdrucksformen, während für diese gesellschaftlich bestimmte

---

[44] L. Zacconi, Prattica di musica. Venezia 1592, Lib. 1, cap. 3, S. 3: ... Ma perchè nissuna quantità de voci senza regole con harmonia si possano raccorre, non trovandosi quantità senza misura; per questo, il canto figurato propriamente si chiama Musica: perchè esso canto non si forma non altro che con misure: sopra di che è molto ben da notare, che Musica si chiama l'atto del cantare, quando più voce cantando fanno soave harmonia; ... Però se bene sotto questo nome di Musica, non si doveria intendere nissuna altra cosa che quella dolcezza & melodia che fanno le voci quando nel cantar insieme producano effetto di harmonia; overo l'ordine di quello cose ch'harmonicamente si possano modulare & cantare ... Questo a noi non fa nulla, perchè quando io dirò Musica senz'altro intenderò di dire & altri anco secondo il mio detto doveranno intendere quella soave & dolce harmonia che fanno le voci ò gl'Istrumenti quando che con tanta soavità et dolcezza percuotano l'aere con si soavi et dolci accenti che ci fanno godere di tanta dolcezza et soavità quanto che noi stessi proviamo godere; conforme alla sua diffinitione ...

[45] Zacconi, 1. c. Lib. i, cap. 3, S. 4: ... per Musica s'intende le modulatione & cantilene harmoniale, non solo quando le sono in atto produtte & modulate: ma anco quando le sono nell'intelletto considerate, in quel modo a punto, che noi consideriamo la specie humana hora sotto questa & quell'altra forma & hora in forma commune dall'intelletto compresa; perchè io posso se voglio considerar la Musica, quando ch'io l'ascolto & odo, ò quando io l'ho scoltata & udita ...

[46] S. 95.

[47] Cap. 5 (S. 23): Con quali mezzi i generi e modi si possino anch'hoggi praticare.

[48] ... stile Madrigalesco; poiche ne'Madrigali predomina maggiormente: sotto il qual nome si comprendono parimente in materia di musica i Sonetti, Canzoni, Mascherate e simili & fors'anche le Villanelle; benchè s'accostino alquanto più alla semplicità di quelle, che propriamente si dicono Arie o Canzonette & anco Ballata o Canzoni a ballo; da gl'antichi chiamate Hyporchemata (S. 100).

[49] Molto diverso poi & quasi contrario a questo stile madrigalesco è il canto d'una voce sola, che s'accompagna col suono di qualche instrumento: ritornato si può dire, da morte à vita in questo secolo; per opera massimamente di Giulio Caccini ...

Hochkunst die monodischen Volksformen ihm belanglos erscheinen[50]. Der dramatische Ausdruck der Doni allein wertvoll erscheinenden künstlerischen Monodie setzt die melodischen Ausdrucksformeln, die in der Mehrstimmigkeit bereits ihren rhetorischen Ausdruckswert erhalten haben, voraus[51]. Sie aber bedeuten nicht eine strukturelle Koloratur, sondern müssen in die Wortverständlichkeit und in den Wortausdruck eingefügt sein; denn in der mangelnden Berücksichtigung einer sinngemäßen Wortbehandlung liegt für Doni der Hauptfehler der Musik seiner Gegenwart[52].

Die Melodisierung des dramatischen Ausdrucks ist für ihn die erste Voraussetzung für das Musikdrama und damit die Überwindung eines starren Recitativs[53]. In der melodischen Ausdrucksgebung werden die einem einheitlichen dramatischen Ausdruck widersprechenden Gestaltungen des mehrstimmigen Madrigals überwunden, gleichzeitig aber finden solche Gestaltungsmittel sowohl im mehrstimmigen wie im monodischen Satz ihre Be-

[50] E se bene, in ogni tempo s'è praticata qualche forte di melodia à una voce con l'accompagnamento d'instrumenti; non debbono però entrare in questo conto quelle volgari cantilene, che quasi senz'alcun arte o gratia e per avanti si cantano dalle persone semplici & idiote come da' ciechi & ancor hoggi in ogni paese per poco si sentono.

[51] S. 101: ... la qualità dell'espressione (parte molto importante nella musica operativa) s'è raffinata assai: e cresciuto il decore col rissecamento di molte di quelle repliche; e perfettonati gl'ornamenti di esso canto; che sono gl'accenti, passaggi, trilli, gorgheggiamenti e simili ... A queste melodie d'una voce, si suole aggiungere l'accompagnamento delle parte instrumentale, communamente nel grave, la quale per continarsi dal principio fino alla fine, si vuol chiamare Basso continuo ...

[52] S. 104: Non si può negare che grandissima imperfettione & abuso nell'hodierne musiche sia il farsi cosi poco conto delle parole e dell'intelligenza & espressione loro: che pur hanno il predominio nella melodia ... & ad esse soggiacione l'armonia, il ritmo e la sinfonia ...
S. 109: ... Questo difetto non sole si sente nelle musiche ecclesiastiche, ma anco ne'nostri madrigali, i quali non riescono in effetto così ariosi come quei de'Francesi, superandoci englino forse nel ritmo. Come gl'Italiani senza fallo sopravanzano tutte l'altre nationi nella parte melica, nella quale niuno de'moderni può contendere col Venosa.

[53] Annotazioni sopra il Compendio ... Roma 1640, S. 361: L'imperfettione maggiore di questa hodierna musica teatrale consiste, per mio credere, principalmente in questo, che le perti dei Drammi, meno affettuose, come sono le narrationi & discorsi, massime lunghi & anco tutti i collquij, non si possono vestire di tale melodia che presto non generi tedio & fastidio ne gl'uditori: imperoche se si compone ariosa & variata assai di corda & cadenza, non fà à proposito altrimenti: anzi sarebbe, come se un segretario in materia di negozio, volesse riempire la lettera di concetti & ornamenti retorici.

deutung⁵⁴. Grundlage dieser verschiedenen Darstellungen einer subjektiven Ausdruckskunst sind die im Humanismus gegebenen Deutungen der antiken Musiktheoretiker und die daraus abgeleiteten Vorstellungen der antiken Musik und ihrer Wirkung.

So sehr Doni in einer melodisierten, ein starres Recitativ überwindenden Monodie das Ideal einer zu innerer dramatischer Spannung fähigen Ausdruckskunst sieht, so sehr hat er auch die Ausdrucksmöglichkeiten des mehrstimmigen Satzes in den verschiedenen Gestalten des 16. Jahrhunderts im Stilwandel der Zeit erkannt. Bei den Musiktheoretikern wird deutlich, wie ihnen dieser Stilwandel seit der Mitte des 16. Jahrhunderts bewußt wird. Die Grundtendenzen der Monodie sind in den musiktheoretischen Schriften der 2. Hälfte des 16. Jahrhunderts bereits deutlich hervorgetreten, die monodische Gestalt aber ist in der Aufführungspraxis vorgebildet. Wenn auch die für die kommende Entwicklung der »Barockmusik« um die Wende des 16./17. Jahrhunderts grundlegende Ausdrucksgestalt einer musikdramatischen Kunst erst um die Wende des 16./17. Jahrhunderts klar gegeben ist, so hat sich der Stilwandel doch bereits in der Mitte des 16. Jahrhunderts vollzogen. Seine Grundlagen gehen auf ein neues musikalisches Denken und Fühlen um die Wende des 15./16. Jahrhunderts zurück. Die Entwicklung zur Monodie vollzieht sich seit Beginn des 16. Jahrhunderts. Der Stilwandel ist in seiner geistigen Haltung in der Mitte des Jahrhunderts vollzogen. Monodie und konzertante Formen werden zum Träger eines zeitgebundenen Ausdrucks, während die traditionelle polyphone Gestalt diese Ausdrucksbindung im 17. Jahrhundert verliert und im *stile antico* zu einer satztechnischen Erstarrung kommt, soweit sie nicht in eine innere Verbindung mit dem neuen Ausdrucksstreben der »Barockmusik« tritt.

---

⁵⁴ S. 363: Ma l'errore di coloro, credo che nascesse dal vedere, che la musica madrigalesca (ch'è hoggi la più stimata & artifiziosa) poco vale in perdurre quegli effetti, che dell'antica si leggono: onde si persuasero, che ciò avvenisse per essere troppo ariosa, & poco simile alla favella comune & non da altre più vere ragioni: cioè dalla brevità de'versi; da tante repetitioni & principalmente dall'intessere più arie insieme, in vece di formarne una sole; con quel più bel procedere di melodia, che si può; & dal far cantare insieme parole diverse; con molta perdita dell'intelligenza; oltre il danno, che recano gl'affettati artificij di fughe dritte & rovescire etc. & isoverchi condimenti di passaggi tanto lunghe & frequenti, che quanto al testo, l'esperienza ci mostra, che per muovere gl'affetti questa musica ariosa & simile a i madrigali... è molto più efficace di quella semplice & poco variata, che per la maggior parte si sente nel recitativo.

Diskussion

Herr *Niemöller* verweist auf die entscheidende Bedeutung des Vordringens des instrumentalen Elements in der Entwicklung des Stilwandels im 16. Jahrhundert.

Herr *Schalk* stellt die Frage nach der musiktheoretischen Auseinandersetzung in der 2. Hälfte des 16. Jahrhunderts, im besonderen nach der Bedeutung der Akademien in diesem Prozeß, ferner nach der Beziehung zwischen Dichtung und Musik in der Entwicklung in den verschiedenen Ländern. Die Musiktheorie behandelt Probleme des Stilwandels mit unterschiedlichen Schwerpunkten, wobei den Akademien in Frankreich und Italien eine besondere Bedeutung zukommt. Die musique mesurée zeigt ein anderes Verhältnis zu Wort und Musik als der italienische stile recitativo.

Herr *Dihle* betont die verschiedenartigen Experimente mit der Chromatik sowie mit der Gesangstechnik im Zusammenhang mit der expressiven Musik im Laufe des 16. Jahrhunderts. Sie erhalten im 17. Jahrhundert eine neue Bedeutung.

Herr *Lausberg* unterscheidet eine »verzierende« Chromatik in der Linearität und eine konstitutive vertikale Chromatik. Der Weg von der linearen Polyphonie über die solistische Monodie zur homophon-chorischen Monodie hat eine gemeinsame Konstante, bestimmt vom Ausdruckswollen.

Frau *Brockhoff* ergänzt die Verwendung von Chromatik und Querstands-Kadenzierung bei Weckmann und den Kantatenmeistern des 17. Jahrhunderts.

Herr *Fricke* weist auf die physikalischen Stimm-Probleme, die durch die Homophonie mathematische Regulierungen des Tonsystems erfordern und sich im Instrumentenbau der Stilwende um 1600 zeigen.

Herr *Niemöller* ergänzt das Dissonanzproblem in der Chordeklamation, besonders in der die Tradition und das Experiment verbindenden Ausdruckskunst Monteverdis, die die musikalisch-rhetorischen Figuren hervortreten läßt.

Herr *Fucks* verweist auf die Temperaturen sowie die Verwendung und Umbildung der Kirchentonarten als Ausdrucksmittel vom 16. Jahrhundert bis J. J. Fux.

Herr *Fricke* erörtert die vielen möglichen Oktavteilungen, wie sie z. B. in außereuropäischen Musikkulturen vorliegen. Das Abendland hat seine eigene Auswahl in Stimmungen und Temperaturen getroffen.

Herr *Niemöller* stellt die Verarmung melodischer und klanglicher Möglichkeiten, die durch das Dur-Moll-System gegenüber den Kirchentonarten entstanden ist, dar.

Herr *Lausberg* nennt die Reduzierung der Tonarten eine musiksprachliche Konventionalisierung entsprechend der Sprache als Mitteilungsmittel. Dabei sind Dur-Moll in der Vertikalisierung der Auffassung des musikalischen Satzes, wo sich eine Gewichtsverschiebung zwischen Komposition und Aufführungstechnik im 16. Jahrhundert ergibt, begründet. Die kreative Spannung ist im Werk Monteverdis deutlich und kann durch die Aufführung noch gesteigert werden.

Herr *Ohly* sieht die musikalische Stilwende des 16. Jahrhunderts im Zusammenhang mit dem Wandel des Denkens und Empfindens in anderen Künsten und Disziplinen in dieser Epoche, im besonderen in bezug auf das Individuum und den individuellen Affekt.

Herr *Stier* verweist auf Parallelerscheinungen des Stilwandels in der Kunstgeschichte, im besonderen auf den Manierismus.

Herr *von Einem* fragt nach den Grenzen der Verwendung von Begriffen der Kunstgeschichte in der Musikgeschichte. Sie finden vielfach Verwendung, wenn sich auch die Musikgeschichte bemüht, aus den musikalischen Gegebenheiten ihre eigenen Begriffe zu entwickeln. Die geistigen Vorgänge aber entsprechen sich in den Künsten bei gelegentlicher Zeitverschiebung.

Herr *Pieper* stellt die Frage nach den Kategorien der Beurteilung der alten und neuen Kunst in der musiktheoretischen Auseinandersetzung der Zeit. Sie werden in Verbindung mit dem Kernproblem Alt-Neu aus der Ethik der Antike genommen.

Herr *von Einem* erkennt in der Wertung der Missa Papae Marcelli von Palestrina als Gestaltung des religiösen Elements im Sinne des Tridentinum, im Gegensatz zur Säkularisierung, eine ethische Kategorie der Wertung.

Herr *Dihle* verweist auf das Wirken der platonischen Ideen in der Renaissance und ihre außermusikalischen Assoziationen.

Herr *Fucks* sieht in Wohlklang und Mißklang, die auf physikalischen Gegebenheiten beruhen, Maßstäbe der Beurteilung der alten und neuen Musik. Damit ergibt sich die Frage, ob eine die Satzregeln erfüllende Computer-

Komposition künstlerischen Ausdruck gestalten kann, der durch eine kreative Aufführungspraxis zu subjektivem Ausdruck gesteigert wird.

Herr *Fricke* betont dagegen die künstlerische Gestaltung in der Lösung von starren Regeln. Der Wert einer Komposition kann nicht durch die Aufführungspraxis ersetzt werden.

Herr *Knipping* macht auf die bereits vor der Monodie auftretenden, durch die Dissonanz bestimmten Spannungselemente aufmerksam, die in der Rezeption unterschiedlich gewertet und beachtet werden. Dadurch entstehen verschiedene Übergangserscheinungen, so wie sie auch in der Kunst unserer Gegenwart beobachtet werden.

Herr *Fellerer* faßt das Neben- und Ineinander von Tradition und neuer Kunst in der Rezeption wie in der kreativen Gestaltung um 1600 zusammen. In der Polyphonie wird in der Mitte des 16. Jahrhunderts das gleiche wortgebundene Ausdrucksstreben deutlich wie in der Monodie. Beide sind im Ausdrucks- und Klangwillen trotz unterschiedlicher Mittel aufs engste miteinander verbunden. Die Aufführungspraxis in Diminution und colla parte führt von ornamentaler Gestalt zu Ausdrucksgestaltungen, sowohl in der Polyphonie bzw. Homophonie als auch in der Monodie. Im Gegensatz zu den musiktheoretischen Streitschriften der Zeit erscheint die Monodie nicht als Bruch der Entwicklung, sondern auf Grund des humanistischen Denkens als eine folgerichtige Weiterentwicklung des in der Polyphonie und Monodie sich in gleicher Weise offenbarenden Ausdruckswollens und seiner Gestaltung. Die Gestaltung der Solostimme in Klang, Agogik, Dynamik etc. bietet neue Steigerungsmöglichkeiten.

ABHANDLUNGEN

Verzeichnisse sämtlicher Veröffentlichungen der Arbeitsgemeinschaft für Forschung
des Landes Nordrhein-Westfalen, jetzt der Rheinisch-Westfälischen Akademie
der Wissenschaften, können beim Westdeutschen Verlag GmbH, 567 Opladen,
Ophovener Str. 1–3, angefordert werden.